ALLE · ZEIT · WACH
1842

Dieter Vogelsang

Geophysik an Altlasten

Leitfaden für Ingenieure, Naturwissenschaftler und Juristen

Zweite, neubearbeitete und erweiterte Auflage
mit 87 Abbildungen

Springer-Verlag Berlin Heidelberg GmbH

Dr. rer.nat. Dieter Vogelsang
Niedersächsisches Landesamt
für Bodenforschung
Postfach 510153
Stilleweg 2
30655 Hannover

ISBN 978-3-662-07449-7 ISBN 978-3-662-07448-0 (eBook)
DOI 10.1007/978-3-662-07448-0

Ursprünglich erschienen bei Springer-Verlag Berlin Heidelberg New York 1993
Softcover reprint of the hardcover 2nd edition 1993

Satz: Reproduktionsfertige Vorlage vom Autor
Einbandgestaltung: H. Struve & Partner, Heidelberg
60/3020 - 5 4 3 2 1 0 - Gedruckt auf säurefreiem Papier

Vorwort zur zweiten Auflage

Die Anwendung geophysikalischer Verfahren zur Erkundung von Altlasten hat seit 1991, als die erste Auflage erschien, erheblich zugenommen. Dabei sind viele Erfahrungen gewonnen worden. Es haben sich auch neue Probleme abgezeichnet, die hier eingehend behandelt werden.

Das gegenseitige Verständnis von Altlastenfachleuten und Geophysikern ist besser geworden; dennoch sind bei Bewertungen und Nachfolgeplanungen Mißverständnisse aufgetreten. Andererseits half die Geophysik erhebliche Mittel für teurere Bohrungen, Rammsondierungen oder Schürfe einzusparen, ohne daß Abdichtungen zerstört oder die Arbeitssicherheit in kontaminierten Bereichen gefährdet wurden.

In diese zweite Auflage wurden viele neue und aussagekräftige Meßbeispiele und Tabellen physikalischer Eigenschaften eingefügt. Die Beschreibung der Aussagemöglichkeiten und Fehlergrenzen ist erweitert worden. Außerdem ist der Kostenrahmen geophysikalischer Arbeiten der aktuellen Preisentwicklung angepaßt worden.

Der gesamte Text wurde überarbeitet und ergänzt. Dabei sind Erkenntnisse aus Seminaren und Schulungen für Altlastenfachleute eingeflossen. Zusätzlich sind z.B. die neue Luftschallseismik, die Radarerkundung nuklearer Endlager und die Gefährdung durch die Radioaktivität hinzugefügt worden. Die Beschreibung der geophysikalischen Methoden wurde so weit ergänzt, daß dieses Buch auch als Einführung in die angewandte Geophysik für mathematisch ungeübte Studenten benutzt werden kann.

Für Verbesserungsvorschläge und die Korrekturlesung des Textes schulde ich meiner Frau Helga großen Dank!

Ich hoffe, daß auch die zweite Auflage beitragen wird, die Vorteile der Anwendung der Geophysik bei der Erkundung und Bewertung von Altlasten bekannt zu machen.

Hannover, im Februar 1993 Dieter Vogelsang

Vorwort zur ersten Auflage

Unsere Zivilisation benötigt für ihren Bestand und ihre Fortentwicklung Rohstoffe und Energien in großen Mengen zu möglichst geringen Kosten. Um dies zu gewährleisten, ist die angewandte Geophysik auf die Erkundung und Erschließung von Rohstoffen und Energieträgern ausgerichtet worden.

Der Wiedereingliederung der Abfallstoffe in den natürlichen Stoffkreislauf unserer Erde wurde bis vor wenigen Jahren nur geringe Aufmerksamkeit zuteil. Dementsprechend sorglos wurden Schadstoffe gelagert, die auch in Gesteine und Grundwasser eindringen konnten.

Nun stellt sich die dringliche Aufgabe das Gefährdungspotential dieser Altlasten zu ermitteln und ggf. ihre Sanierung vorzubereiten. Zunächst sollte mit wenig aufwendigen und zerstörungsfreien Methoden die Lage und Erstreckung der Altlasten, sowie ihr Schadstoffeintrag, in Wasser und Boden ermittelt werden, ehe mit perforierenden Verfahren wie Rammsondierungen oder Bohrungen Abdichtungen verletzt oder toxische Stoffe freigesetzt werden.

Hier öffnet sich der angewandten Geophysik ein neues Arbeitsgebiet, in dem die bewährten Methoden der Exploration weiterverwendet werden können. Indessen sind Änderungen der Meßtechnik erforderlich, um die besonderen Fragen der Altlastenerkundung zu beantworten.

Nach der deutschen Wiedervereinigung müssen die Gesetze und Vorschriften des Umweltschutzes nach und nach auch auf die neuen Bundesländer angewendet werden. Zuvor müssen jedoch deren zahlreiche Altlasten lokalisiert und erkundet werden. Bei dieser umfangreichen Aufgabe sollte wegen des raschen Meßfortschritts und zur Einsparung von Aufschlußkosten vordringlich die Geophysik eingesetzt werden.

Dieses Buch wurde geschrieben, um die Anwendungsmöglichkeiten der Geophysik bei der Altlastenerkundung auch Nichtgeophysikern zu erläutern, damit diese wichtige Aufgabe in der Zukunft besser bewältigt werden kann.

Mein besonderer Dank gilt der Landesanstalt für Umweltschutz Baden-Württemberg für die Genehmigung zur Veröffentlichung der Resultate des Modellstandortprogramms. Auch danke ich allen, die mich beim Schreiben und Darstellen unterstützt haben, insbesondere Herrn Wolfgang Schirmer. Herrn Hans Repsold danke ich für seinen Beitrag zu den Bohrlochmessungen und Frau Angelika Ruprecht für die Anfertigung der Zeichnungen.

Hannover, im Januar 1991 Dieter Vogelsang

Inhaltsverzeichnis

1 Einleitung

1.1 Zielsetzung

Dieser Leitfaden hat die Aufgabe, die Anwendungsmöglichkeiten der Geophysik im Umweltschutz aufzuzeigen. Von den zu schützenden Einheiten Luft, Wasser und Boden werden nur die Untersuchungen zum Schutz des Wassers und des Bodens beschrieben.

Nicht-Geophysiker, wie Ingenieure, Naturwissenschaftler anderer Fakultäten, Juristen oder Kommunalbeamte, die Altlastenprobleme bewältigen müssen, sollen die geophysikalischen Verfahren und ihre Anwendungsmöglichkeiten kennenlernen. Komplizierte wissenschaftliche Darstellungen wurden deshalb vermieden. Zur Beschreibung der Methoden sind zahlreiche Meßbeispiele eingefügt, um die praktische Durchführung sowie die Aussagekraft geophysikalischer Arbeiten zu verdeutlichen.

Außer der Beschreibung der geeigneten geophysikalischen Untersuchungsmethoden und ihrer Anwendungsmöglichkeiten werden auch Vorschläge und Beispiele für die Ausschreibung geophysikalischer Messungen gegeben. Kosten- und Ergebnisvergleiche von Bohrungen sollen die Wirtschaftlichkeit der Anwendung der Geophysik im Umweltschutz herausstellen. Ein Verzeichnis der Geophysik-Anbieter kann vom **Verband Selbständiger Geophysiker e.V. (VSG)** Schönleinstr. 50, 4300 Essen 1 angefordert werden.

1.2 Grundlagen

Die meisten geophysikalischen Untersuchungen an Altlasten wurden nicht veröffentlicht, da sie Aussagen über das Eigentum von Personen, Firmen, Behörden und Körperschaften enthielten, die nicht für die Öffentlichkeit von Belang waren. Über den Erfolg der Anwendung geophysikalischer Verfahren an Altlasten wurde nur wenig bekannt.

Einer Initiative der Landesanstalt für Umweltschutz Baden-Württemberg war es zu verdanken, daß von 1988 bis 1990 an 8 Modellstandorten von Altlasten 60 geophysikalische Einzelvermessungen [31,32] durchgeführt worden sind mit dem Ziel, Erfahrungen in der sachgerechten und kostengünstigen Erkundung von Altlasten zu sammeln. Die Ergebnisse wurden in der Erstauflage dieses Buches im Rahmen der Geowissenschaftlichen Gemeinschaftsaufgaben (GGA) der Geologischen Landesämter interpretiert und dargestellt.

In der erweiterten zweiten Auflage sind zusätzlich zahlreiche geophysikalische Untersuchungen an anderen Altlasten aus Europa und den USA abgebildet und beschrieben worden.

1.3 Vorbedingungen

Seit ca. 70 Jahren sind geophysikalische Verfahren hauptsächlich für die Prospektion von tiefliegenden Lagerstätten der Kohlenwasserstoffe und Erze entwickelt und eingesetzt worden. Heute steht hierfür nicht nur ein erprobtes und umfangreiches Instrumentarium zur Verfügung, sondern es liegen auch eingehende Erfahrungen in Auswertung und Interpretation vor.

Mit zunehmendem Verbrauch mußte die Erkundung fossiler Energieträger und Erze in immer größere Tiefen vordringen. Die Geophysik hat dabei mitgeholfen, den wachsenden Rohstoffbedarf unserer hochtechnisierten Zivilisation zu stillen.

Die Aufgabe, bei der Beseitigung der umfangreichen Rückstände verbrauchter Rohstoffe mitzuhelfen, ist dagegen neu für die Geophysik. Sie erfordert eine Neuorientierung, da nunmehr bisher störende Oberflächeneffekte, welche die Signale der tiefliegenden Lagerstätten maskierten, das Objekt der Messungen sind.

Es brauchen keine neuen geophysikalischen Methoden für die Altlastenerkundung entwickelt zu werden. Das Instrumentarium der angewandten Geophysik sowie die Erfahrungen in der DV-Auswertung und Interpretation geophysikalischer Meßdaten kann genutzt werden. Es ist jedoch erforderlich, die eingesetzten Verfahren an die neuen Fragestellungen der Altlastenerkundung anzupassen: z.B. müssen sehr engmaschige Meßanordnungen angewendet werden, die präzise Aussagen für geringe Tiefen erlauben.

Da geophysikalische Aussagen vom Aufbau des geologischen Untergrunds und der hydrogeologischen Situation abhängen, müssen bei der geophysikalischen Interpretation geologische und hydrogeologische Erkenntnisse interdisziplinär berücksichtigt werden.

1.4 Zusammenarbeit

Bei einigen geophysikalischen Aufträgen haben sich Schwierigkeiten und Mißverständnisse eingestellt zwischen den Ingenieuren, die den Auftrag ausschreiben, überwachen und finanzieren, und den ausführenden geophysikalischen Firmen.

Anlaß war häufig die recht unterschiedliche Auffassung geophysikalischer Resultate. Während Ingenieure jedes Ergebnis als "absolut" betrachten, enthalten geophysikalische Ergebnisse, obwohl sie auf der exakten Mathematik und Physik begründet sind, meist relative Aussagen.

Der Grund für diese Unstimmigkeit liegt in der Vielfalt und Komplexität der geophysikalischen Untersuchungsobjekte, deren Parameter vereinfacht und geglättet werden müssen, um durch mathematische Formeln erfaßt werden zu können.

Die Tabelle 1.1 beschreibt dieses Dilemma in Einzelheiten. Sie enthält außerdem den Rat für Ingenieure, ihre Aufgaben und Probleme so genau zu beschreiben, daß der Geophysiker die am besten geeignete Meßanordnung auswählen kann.

Der Geophysiker dagegen sollte dem Ingenieur die Grenzen und Einschränkungen der geophysikalischen Interpretation sowie ihre Fehlerbreiten deutlich erklären.

Tabelle 1.1. Bewertung von Ergebnissen

Ingenieure	Geophysiker
Absolut unfehlbar	Mehrdeutig, mehrere gleichwertige Lösungen möglich
Alle Eigenschaften sind in Maßeinheiten genau bestimmt	Eigenschaften können nur angenähert ermittelt werden
Keine Interpratation erforderlich	Interpretation unbedingt erforderlich
Klare Darstellung der Aufgaben und Probleme →	
← Eindeutige Beschreibung der Einschränkungen	

Weitere Mißverständnisse können aus der Darstellung der Meßergebnisse entstehen (Tabelle 1.2). Für den geophysikalischen Laien sollten Daten leichtverständlich und einprägsam wiedergegeben werden. Die eindrucksvollste Art der Darstellung sind dreidimensionale Zeichnungen und/oder Kolorierung. Hierdurch werden nicht nur viele Einzelheiten für den Ingenieur erkennbar, sondern auch komplizierte Ergebnisse verständlich. Listen von Zahlen, Pseudoprofile und Isolinienkarten sind für diesen Zweck weniger gut geeignet.

Tabelle 1.2. Darstellungsmöglichkeiten von Meßergebnissen

Darstellung der Ergebnisse der Umweltgeophysik				
Art	Vollständigkeit	Lesbarkeit	Eignung für weitere Auswertungen	Erinnerungswert
Magnetband/Diskette	gut	schwierig	gut	keiner
Zahlentabellen	gut	schlecht	gut	gering
Profile	annehmbar	gut	gering	gut
Isolinienkarten	annehmbar	gut	gering	gut
Raumbilder	gering	gut	nicht geeignet	sehr gut
Farbige Zeichnungen	———	———	———	sehr gut

Es ist jedoch zu beachten, daß eine "schöne" Darstellung weniger geeignet ist für Nachauswertungen oder andere Maßnahmen zur Verbesserung der Interpretation, da aus ihr keine genauen Daten entnommen werden können. Es wird deshalb empfohlen, das Schöne mit dem Genauen zu verbinden: Ein geophysikalischer Bericht sollte, falls machbar, die Daten sowohl ablesbar auf DV-Datenträger, z.B. PC-Diskette, in Listen, Pseudoprofilen und Isolinien, als auch in farbigen Karten, Profilen etc. und ggf. in räumlicher Schau enthalten.

Farbe muß vorsichtig angewendet werden: die Schattierungen sollten entsprechend den Datensprüngen gewählt werden. Es ist zu beachten, daß kleine Farbunterschiede schlecht in Gelb und Grün zu erkennen sind, aber gute Kontraste in Rot oder Blau zum Vorschein kommen. Die Farbe stellt eine weitere Dimension für die Darstellung zur Verfügung, d.h. durch Farbe kann ein weiterer Datensatz abgebildet werden.

Für den Ingenieur müssen Teufenangaben sehr sorgfältig gemacht werden. Die Tendenz, die X-Achsen für die vertikale Erstrekkung in ms, ns, mV, nT oder anderen Einheiten einzuteilen, ist groß! Der Ingenieur indessen möchte die Teufe nur in Metern erfahren! Falls es nicht möglich ist, die tatsächliche Tiefe anzugeben, sollte auf jede Einteilung der Teufenachsen verzichtet werden. Die Gründe hierfür sind anzugeben.

Überschätzungen der Tiefe sind insbesondere bei der Interpretation des Bodenradars vorgekommen. Derartige Fehlangaben können teurere, erfolglose Nachfolgearbeiten bewirken, die schließlich zu einer generellen Ablehnung der Geophysik im Umweltbereich führen können.

Weitere Pannen können bei der Behandlung von Pseudoprofilen durch Ingenieure auftreten. Häufig wurde die Tiefe der gesuchten Körper aus der mit dem Oberflächenmaßstab gemessenen Tiefe der Anomalien abgeleitet. Die nachfolgenden Bohrprogramme ergaben dann natürlich überraschende Ergebnisse.

Um dies zu vermeiden, müssen die Darstellungsweise und der Zweck von Pseudoprofilen dem Auftraggeber genau erklärt werden. Auch sollte die besondere Warnung, dort keine Tiefen abzugreifen, nicht fehlen!

Geophysikalische Anomalien entstehen nicht nur durch natürliche Strukturen, sondern auch durch vom Menschen geschaffene Installationen. Es ist erforderlich, diese Anomalien bei jeder Auswertung zu eliminieren. Dies gilt insbesondere für die geophysikalische Erkundung im Umweltbereich. Die Umgebung jeder Altlast sollte vor dem Beginn der geophysikalischen Untersuchungen mit einem elektromagnetischen Suchgerät auf metallische Kabel oder Rohrleitungen überprüft werden, damit die zu erwartenden "externen" Anomalien umgangen oder ausgeschieden werden können. Natürlich geht das nicht, wenn z.B. eine eiserne Wasserleitung unter einer Deponie mit Eisenschrott verläuft.

Schwierigkeiten treten außerdem bei Ausschreibungen geophysikalischer Arbeiten auf. Die meisten Auftraggeber benutzen hierbei die Vorschriften für die Vergabe von Bauleistungen (VOB), wobei die geophysikalischen Untersuchungen in einem wenig geeigneten Rahmen ausgeschrieben werden müssen. Vorschläge für Auschreibungen werden im Anhang aufgeführt.

Ein weiteres Hindernis besteht darin, daß die meisten Ingenieure mit den geophysikalischen Methoden nicht vertraut sind. Dies kann zu der Fehlhaltung führen: "Die Geophysik soll erst einmal zeigen, ob sie die nur dem Auftraggeber bekannten Strukturen nachweisen kann". Es ist jedoch besser, in der Ausschreibung möglichst alle Einzelheiten und Eigenschaften des Arbeitsgebietes aufzuzählen.

Damit kann die Mehrdeutigkeit mancher geophysikalischer Daten überwunden werden, insbesondere, wenn geologische, tektonische und hydraulische Werte des Untersuchungsgebietes und die historische Erkundung von Altlasten in der Ausschreibung enthalten sind.

In einer Ausschreibung sollten die Größe und die Punktabstände der Meßnetze, sowie die Meßanordnungen nicht zwingend vorgeschrieben werden. Denn jeder unerwarteten Änderung der Form oder der Ausdehnung des zu untersuchenden Objektes muß durch eine Änderung der Profilrichtung, und der Meßanordnung, entsprochen werden können.

2 Methoden

In diesem Kapitel werden erprobte geophysikalische Verfahren dargestellt, die einen Beitrag zur Erkundung von Altlasten und deren Umgebung leisten können. Neben einer kurzen Beschreibung des Meßprinzips sind Angaben zur Meßdurchführung sowie Anwendungsmöglichkeiten bei der Altlastenerkundung aufgeführt. Meßbeispiele werden im Kapitel 3 vorgestellt. Detailliertere Informationen zu den einzelnen geophysikalischen Verfahren können den einschlägigen Lehrbüchern, die in Kapitel 6 zitiert sind, entnommen werden.

2.1 Geomagnetik

2.1.1 Geomagnetische Bodenmessungen

Magnetische Vermessungen erfassen Anomalien des erdmagnetischen Feldes, die auf Magnetisierungskontraste der Gesteine oder auf magnetisierte Einlagerungen im Untergrund zurückzuführen sind.

Die Magnetisierung von Gesteinen oder von eisenhaltigem Müll setzt sich aus einem induzierten und einem remanenten Anteil zusammen: Die induzierte Magnetisierung wird durch das am Ort des Gesteins oder der Einlagerung herrschende äußere Erdmagnetfeld induziert und ist von dessen Stärke und Richtung abhängig. Außerdem wird sie durch die Materialeigenschaft "Suszeptibilität χ" bestimmt. Dagegen ist die remanente Magnetisierung dauerhaft und vom augenblicklichen Feld unabhängig. Magnetisierbar sind Eisen, Stahl und ferrimagnetische Minerale, meist Oxide und Sulfide des Eisens. Daneben gibt es noch Stoffe, die ferro-, para- und diamagnetisch sind. Während Ferromagnetismus selten ist, sind die para- und diamagnetischen Magnetisierungen so schwach, daß sie bei Geländemessungen vernachlässigt werden können.

Die an der Erdoberfläche meßbaren magnetischen Effekte magnetischer Körper sind außer von deren Magnetisierung, Form und Größe auch von ihrer Tiefenlage abhängig, denn das magnetische Feld nimmt mit zunehmender Entfernung mit dem Kehrwert der dritten Potenz ab. Es gilt z.B. für den Betrag des Feldes B einer homogen magnetisierten Kugel mit dem Betrag des Dipolmoments m auf der Dipolachse im Abstand r:

$$B = \frac{\mu_o \cdot m}{2 \cdot \pi} \cdot \frac{1}{r^3}$$

mit: μ_o = Permeabilität im Vakuum.

Hieraus folgt auch, daß sich die Form magnetischer Anomalien mit der Höhe über der Erdoberfläche ändert. Bild 2.1 veranschaulicht diesen Effekt für den Fall einer Deponie mit mehreren Einlagerungen unterschiedlicher Größe und Magnetisierung: Während in geringer Höhe die Anomalien der einzelnen Körper einen unruhigen Kurvenverlauf hervorrufen, nehmen mit zunehmendem Abstand die kleinräumigen Anomalien in ihrer Amplitude rasch ab, so daß sich z.B. in 2 m Höhe glattere Kurven ergeben, in denen sich die Deponie als Ganzes abzeichnet.

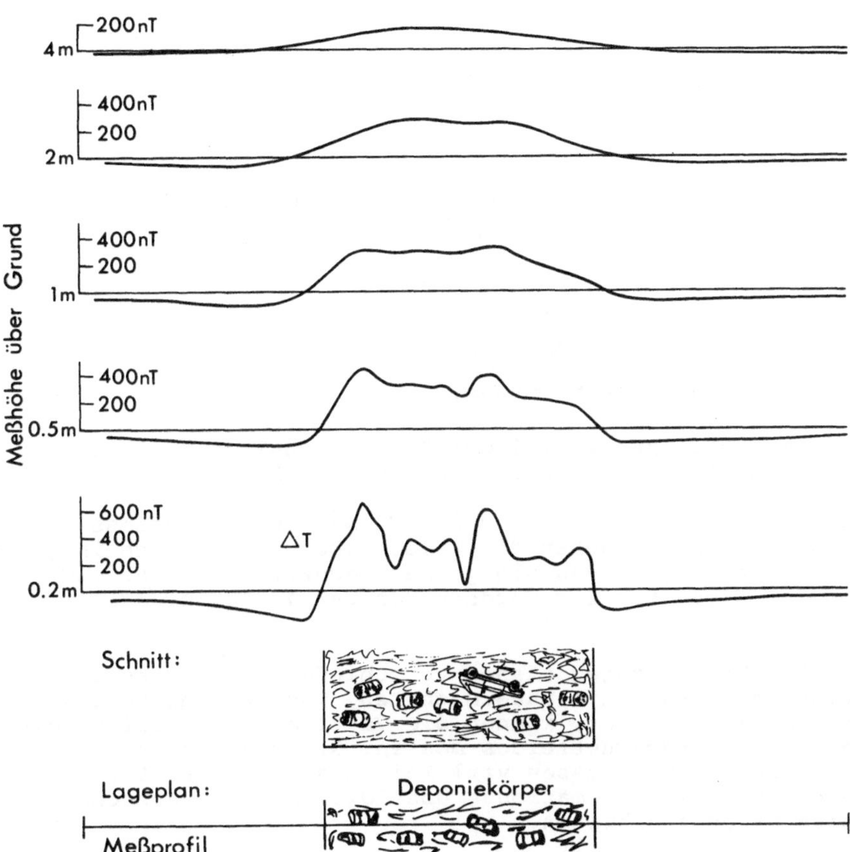

Bild 2.1. Magnetische Anomalien in unterschiedlicher Höhe über Grund

Weiterhin ist die Form magnetischer Anomalien von der Inklination des Erdmagnetfeldes, d.h. von der geographischen Breite, abhängig. Dieses wird in Bild 2.2 für eine kugelförmige Eisenschrottanhäufung mit induktiver Magnetisierung veranschaulicht. Der in Mitteleuropa mit Inklinationen zwischen 60° und 70° typische Kurvenverlauf ist dargestellt. Dieses Beispiel verdeutlicht, daß die Maxima und Minima der magnetischen Totalintensität (ΔT) in Mitteleuropa nicht über der Mitte des magnetischen Körpers liegen. Ein normal magnetisierter Körper hat eine Anomalie mit einem Maximum im Süden und einem schwächeren Minimum im Norden. Dies ist beim Ansatz von Schürf- und Bohrarbeiten unbedingt zu berücksichtigen.

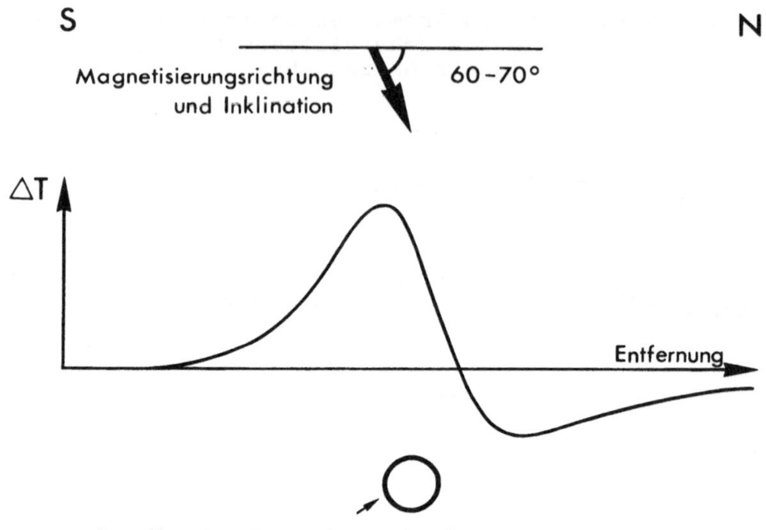

Bild 2.2. Magnetisches Profil der Totalintensität ΔT über einer kugelförmige Eisenschrottanhäufung in Mitteleuropa

Die magnetische Feldstärke wird in nT (Nanotessla) gemessen. Ältere Untersuchungen geben die Feldstärke zahlengleich in γ (Gamma) an. In Deutschland steigt das magnetische Totalfeld z.Zt von den Alpen bis zur Nordsee von ca. 47 000 nT auf ca. 49 000 nT an.

Für magnetische Messungen stehen verschiedene Instrumenttypen zur Verfügung. Geräte mit Dauermagneten, magnetische Feldwagen und Torsionsmagnetometer, können die Vertikal- und Horizontalkomponenten des Erdmagnetfeldes messen. Sie sind robust, die Messungen benötigen indessen viel Zeit und Sorgfalt. Sie werden eingesetzt, um Informationen über die Form magnetischer Strukturen herauszuarbeiten.

Die Förstersonde beruht auf der unterschiedlichen Magnetisierung zweier ferromagnetischer Streifen, um die entgegengerichtete elektrische Wechselfelder gelegt werden. Im Magnetfeld verschiebt sich der Nullpunkt der beiden Magnetisierungskurven proportional zur Feldstärke. Förstersonden werden bei magnetischen Vermessungen verwendet, wo die Feldstärken der Hauptrichtungen in zwei aufeinander senkrecht stehenden Sonden in der Horizontale und in einer Sonde in der Vertikale bis auf 1 nT genau bestimmt werden.

Am gebräuchlichsten sind Protonenmagnetometer zur Messung der Totalintensität T. Ihr Meßprinzip ist die Veränderung der Frequenz des Spins der Kerne von Wasserstoffatomen, den Protonen, durch das Magnetfeld. Durch ein starkes, elektromagnetisch erzeugtes Feld von 1 s Dauer werden die Protonen in einer mit

Wasser gefüllten Büchse, die von einer Spule umgeben ist, gleichgerichtet. Nach Abschalten des starken Feldes wird die Spinfrequenz 1 s lang mit einer Genauigkeit von 0,5 nT registriert.

Protonenmagnetometer sind einfach zu handhaben und erlauben rasches Arbeiten. Durch eine Messung mit zwei Meßgeräten, die an einem Stock in zwei verschiedenen Niveaus über der Erdoberfläche (z.B. in 1 und 2 m Höhe) angebracht sind, läßt sich die Änderung der Totalintensität mit der Höhe, d.h. der Vertikalgradient, ermitteln. Dieser erlaubt eine bessere Tiefenabschätzung.

Bei Messungen an Deponien mit wenig Eisenanteilen, bzw. schwachen Anomalien, müssen die tageszeitlichen Schwankungen des Erdmagnetfeldes berücksichtigt werden. Diese sollten durch fortlaufende Beobachtungen an einer festen Station, d.h. an einem weiteren Protonenmagnetometer mit fortlaufender Registrierung, erfaßt werden. Die Tagesvariationen werden eliminiert, indem die Differenz zu einem Bezugsniveau von den Feldmeßdaten abgezogen wird.

Die Tiefe eines magnetische Körpers läßt sich gut aus dem halben Abstand Maximum zu Minimum einer Anomalie, auch halbe Halbwertsbreite genannt, abschätzen. Dabei ist zu beachten, daß möglichst keine Anomalien benachbarter magnetischer Einlagerungen einbezogen werden. Für die vollständige Interpretation, d.h. die Berechnung der Form und Tiefe von Modellkörpern, stehen DV-Programme zur Verfügung.

Die Geomagnetik eignet sich sehr gut zur Lokalisierung, d.h. zur Bestimmung der randlichen Begrenzung einer Altlast, insbesondere von Hausmülldeponien mit hohem Eisenschrottanteil. Selbst in Bauschuttdeponien ist häufig so viel Eisen enthalten, daß die Geomagnetik erfolgreich angewendet werden kann.

Weiterhin können in Altlasten einzelne magnetisierte Einlagerungen, z.B. Metallfässer, Autoteile oder anderer Eisenschrott, identifiziert werden. Voraussetzung ist, daß das restliche Deponiematerial unmagnetisch ist. Das Verfahren versagt z.B. bei der Aufgabe, einzelne magnetische Gegenstände in einer Hausmülldeponie zu erkunden.

Größe und Ausdehnung der Anomalien bestimmen die erforderliche Meßdichte. Die Messungen sollten möglichst flächenhaft in einem engen quadratischen Meßraster mit Kantenlängen von 1 - 5 m durchgeführt werden. Für Übersichtskartierungen genügen größere Abstände. Der Meßpunktabstand sollte stets etwa der halben Erkundungstiefe entsprechen.

Die Messungen werden von magnetischen Installationen, wie stählernen Strommasten, Eisenpfosten oder Bauarmierungen, gestört, die im Meßnetz oder in seiner Nähe liegen.

2.1.2 Geomagnetische Messungen aus der Luft

Geomagnetische Messungen können auch aus der Luft unter Einsatz von Hubschraubern oder Flugzeugen durchgeführt werden. Die Meßgeräte, meist Protonen- oder Absorptionszellenmagnetometer, werden dazu in speziellen Meßsonden entweder fest am Fluggerät installiert oder in einem Schleppkörper an einem 20 bis 30 m langen Kabel mitgeführt. Einflüsse der magnetischen Eigenschaften des Flugzeugs auf die Messungen müssen bei Festinstallation kompensiert werden, während sie beim Schleppkörperverfahren zu vernachlässigen sind.

Es wird ein Netzwerk von parallelen Profilen in einem Abstand von 50 bis 200 m geflogen und senkrecht dazu, in einem ca. 5 bis 10 mal so großen Abstand, werden Kontrollprofile vermessen. An den Kreuzungspunkten sollte der auf beiden Profilen gemessene Wert übereinstimmen. Abweichungen stellen ein Maß für die Güte der Vermessung dar. Der Abstand der Meßprofile sollte nicht größer sein als die Höhe über den Körpern, deren Anomalien man noch vollständig erfassen will.

Die Luftvermessung erfolgt entweder in konstanter Flughöhe über einem Bezugsniveau, z.B. NN, oder in konstanter Höhe über Grund. Letzteres wird besonders bei der Erkundung oberflächennaher Körper angewandt, wobei die Flughöhe etwa 30 bis 50 m beträgt. Die Flughöhe wird meist mittels Radarhöhenmesser bestimmt, wobei eine Genauigkeit von ca. 5 % der Flughöhe erreicht wird.

Bei schwachen Anomalien muß der tägliche Gang des Erdmagnetfeldes an einer Basisstation registriert und von den Rohmeßdaten abgezogen werden.

2.2 Geoelektrik

2.2.1 Gleichstromverfahren

Die Gleichstromverfahren der Geoelektrik machen sich die unterschiedlichen spezifischen elektrischen Widerstände der Minerale, Gesteine und der Inhaltsstoffe von Altlasten unter Verwendung künstlicher Gleichstromfelder zunutze. Die maßgebende Materialeigenschaft ist der spezifische elektrische Widerstand ρ, der in Ωm angegeben wird. Grundlage der Messungen ist das Ohm'sche Gesetz. Dieses beschreibt den Zusammenhang zwischen Stromstärke und Spannung, wenn durch einen räumlich begrenzten Leiter ein Gleichstrom fließt. Gegeben sei ein Quader mit dem Querschnitt q und der Länge b (Bild 2.3). Ein Gleichstrom der Stärke I [A] fließe in Längsrichtung durch diesen Quader. Dann beträgt die Spannung U [V] zwischen den Enden des Quaders

$$U = I \cdot R \quad .$$

Die Größe R, der Ohm'sche Widerstand [Ω], ist proportional der Länge b und umgekehrt proportional dem Querschnitt q des Leiters und enthält den spezifischen Widerstand ρ [Ωm]. Es gilt

$$R = \frac{b}{q} \cdot \rho \quad .$$

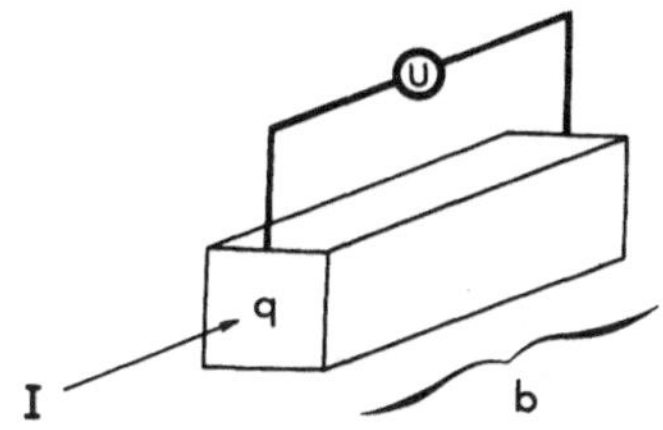

I = Stromstärke
U = Spannung
q = Querschnitt des Quaders
b = Länge des Quaders

Bild 2.3. Stromdurchgang in einem räumlich begrenzten Leiter [13]

In verschiedenen Meßanordnungen wird dem Untergrund über zwei geerdete Metallelektroden ein Gleichstrom zugeführt, wodurch sich ein Potentialfeld ausbildet (Bild 2.4). Dieses wird von der Verteilung des spezifischen Widerstandes im Untergrund bestimmt. Mit wachsendem Elektrodenabstand wird das Feld von tiefer liegenden Strukturen beeinflußt.

Aus der Messung des Potentialunterschiedes (= elektrische Spannung U [V]) zwischen zwei geerdeten und nichtpolarisierbaren Sonden) können Angaben über die Verteilung spezifischer Widerstände und zugehöriger Strukturen im Untergrund abgeleitet werden.

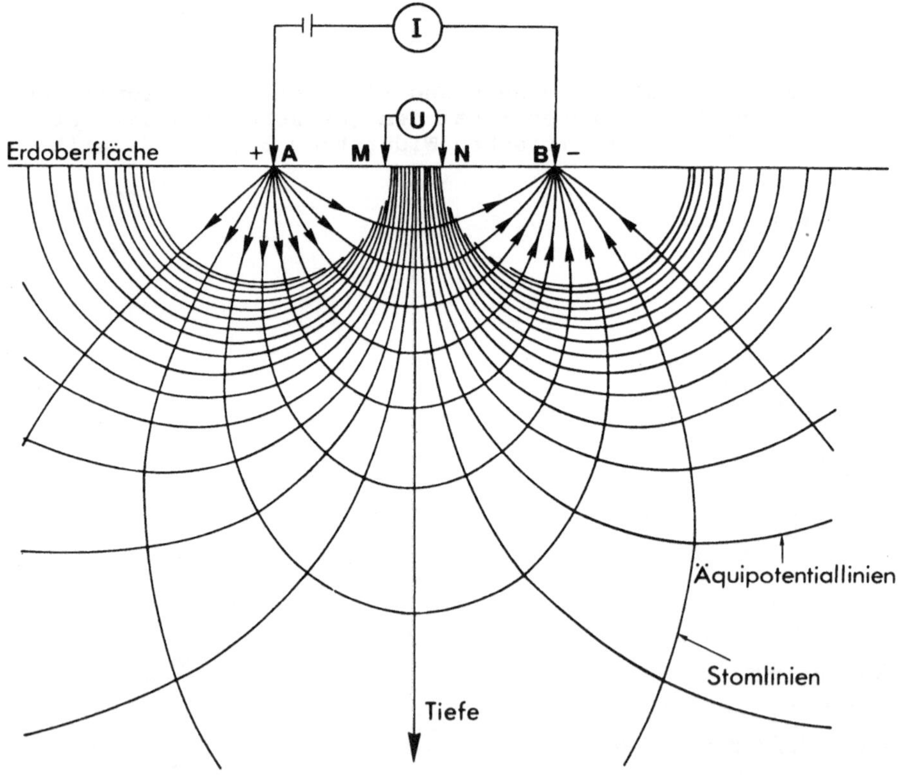

I : Stromstärke
U : Spannung
A,B : Metallelektroden
M,N : nicht polarisierbare Sonden

Bild 2.4. Meßprinzip der Gleichstromverfahren

Für die Darstellung und Auswertung geoelektrischer Meßergebnisse ist es üblich, das für einen beliebigen Untergrund gemessene Verhältnis Spannung U zu Stromstärke I unter Berücksichtigung der Elektroden- und Sondenabstände in den Wert des spezifischen Widerstandes umzurechnen, der für einen homogenen Halbraum gelten würde. Der so errechnete Wert wird als **scheinbarer spezifischer Widerstand** ρ_s oder ρ_a bezeichnet und in Ωm gemessen. Diese Umrechnung geschieht, indem der spezifische Widerstand mit einem "K- oder Geometrie-Faktor" multipliziert wird. Die wichtigsten Geometriefaktoren für gebräuchliche Meßanordnungen (Bild 2.05) werden berechnet mit:

$$\rho_s = K \cdot U/I \quad [\Omega m]$$

K Schlumberger= $\pi/a[(L/2)^2-(a/2)^2]$

K Wenner = $2\pi a$

K Dipol-Dipol = $\pi a \cdot n(n+1)(n+2)a$

L = Elektrodenabstand
a = Sondenabstand
n = Multiplikator des Sondenabstandes a

Tabelle 2.1 Spezifische Widerstände

Gestein/Material	Spez.Widerstand(Ωm)
Gesteine:	
Ton, Mergel, fett	3 - 30
Ton, Mergel, mager	10 - 40
Ton, sandig, Schluff	25 - 150
Sand, tonig	50 - 300
Sand, Kies im Grundwasser	200 - 400
Sand, Kies trocken	800 - 5000
Grobkies trocken	1000 - 3000
Kalk, Gips	500 - 2500
Sandstein	300 - 4000
Salzlager und -stöcke	>10000
Granit	2000 -10000
Gneis	400 - 6000
Deponiematerial:	
Hausmüll	12 - 30
Bauschutt, Erdaushub	200 - 350
Industrieschlämme	40 - 200
Metallschrott	0,5 - 12
Scherben (Glas, Porzellan)	100 - 550
Gießereisand	400 - 1600
Makulatur (Papier, Pappe)	70 - 180
Schadstoffahne Hausmülldeponie	1 - 10
Altöl	150 - 700
Teer	300 - 1200
Putzlappen, Reinigungsmaterial etc.	30 - 200
Lackreste	200 - 1000
Faßgebinde (leer)	20 - 80

Diese Zusammenstellung der spezifischen Widerstände geht auf bisher bekannte Einzeluntersuchungen in Europa und den USA zurück. Sie kann nur grobe Anhaltspunkte liefern, da z.B. bei den deponierten Stoffen sehr unterschiedliche Vermischungen auftreten können. Andererseits wird der große Umfang der Einsatzmöglichkeiten der geoelektrischen Erkundungsverfahren deutlich gemacht.

Die geoelektrischen Gleichstromverfahren werden überwiegend für folgende Ziele eingesetzt:

Geoelektrische Kartierung: Ermittlung der horizontalen Widerstandsverteilung in bestimmten Tiefeniveaus.

Geoelektrische Tiefensondierung oder Widerstandssondierung: Ermittlung des Widerstandes und der Mächtigkeit horizontal liegender Schichten in vertikaler Richtung.

Geoelektrische Kartierung

Es werden laterale Unterschiede des scheinbaren spezifischen Widerstandes für einen bestimmten Tiefenbereich festgestellt (z.B. für die randliche Begrenzung eines Deponiekörpers oder einer Einlagerung). Dies geschieht, indem die Potentialdifferenzen in einer festen Anordnung zwischen den Elektroden und Sonden gemessen werden und diese Anordnung entlang einer Meßlinie ständig umgesetzt wird. Das Ergebnis wird als Profil oder Isolinienkarte dargestellt.

Die Eindringtiefe der Messungen sollte so ausgewählt werden, daß hauptsächlich die Deponie und nicht der liegende Untergrund erfaßt wird. Hierfür eignet sich insbesondere die Meßanordnung nach Wenner (Bild 2.5). Auf diese Weise kann eine geoelektrische Kartierung die randliche Begrenzung einer Altlast sehr genau erfassen. Dies ist indessen nur dann möglich, wenn die in Altlasten häufig auftretenden niedrigen spezifischen Widerstände von den Widerständen des Nebengesteins deutlich abweichen.

Dies trifft z.B. zu bei Kiesen, Sanden, Kalksteinen oder Sandsteinen mit Widerständen in der Größenordnung von >300 bis 2000 Ωm, nicht aber bei Tonen und Mergeln, weil letztere ebenfalls niedrige Widerstände in der Größenordnung von 2 bis 40 Ωm besitzen. Auch der Nachweis einzelner Schadstoffkonzentrationen mit abweichenden Widerständen, z.B. von Sanden mit sehr hohen oder Schlämmen mit sehr niedrigen Widerständen, ist möglich, wie ein Blick auf die Tabelle 2.1 zeigt.

Durch die Meßanordnung wird nicht nur das Ergebnis, sondern auch der Zeitaufwand beeinflußt. Am gebräuchlichsten sind die Wenner-, die Dipol-Dipol- und die Schlumberger-Anordnung; sie werden schematisch in Bild 2.5 wiedergegeben. Das Verfahren wird durch metallische Leitungen und metallische Installationen im Untergrund beeinträchtigt.

Schlumberger-Anordnung:

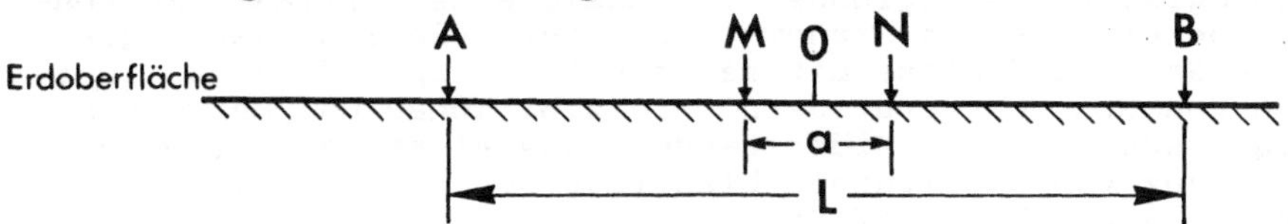

Wenner-Anordnung:

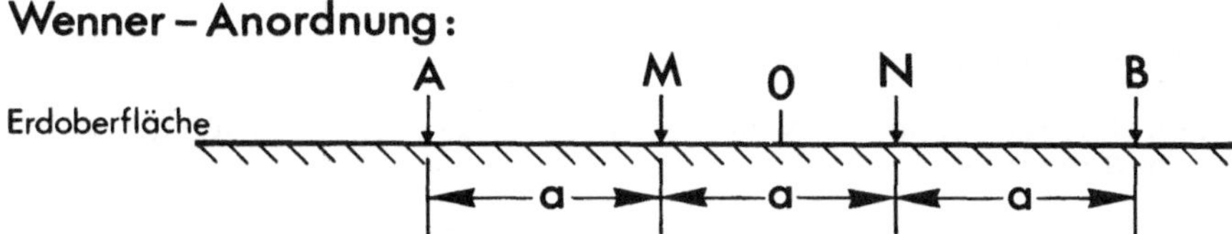

Dipol-Dipol-Anordnung:

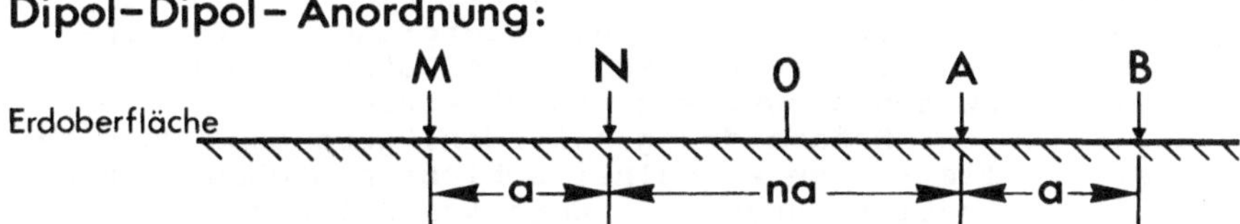

A,B	=	Metallelektroden (Stahlstäbe)
M,N	=	nicht polarisierbare Sonden (Filterkerzen mit Kupfersulfatlösung gefüllt)
$L = \overline{AB}$	=	Elektrodenabstand
$a = \overline{MN}$	=	Sondenabstand
0	=	Meßpunkt

Bild 2.5. Meßanordnungen bei geoelektrischen Kartierungen und Tiefensondierungen

Es empfiehlt sich, Kartierungen mit mehreren Eindringtiefen durchzuführen. Dies geschieht durch die Vergrößerung der Elektrodenabstände. Als Faustregel gilt: der Abstand der Elektroden entspricht etwa der zweifachen Eindringtiefe, während der Meßpunkt- und Sondenabstand etwa so groß sein sollte wie die gewünschte Erkundungstiefe.

Die geoelektrische Kartierung eignet sich auch zur Erkundung des geologischen Untergrundes im Umfeld einer Altlast. So können in Lockergesteinen Grundwasserleiter, wie z.B. wassergesättigte Sande und Kiese mit relativ hohen spezifischen Widerständen von Grundwasserstauern, wie z.B. Tonen und Mergeln mit niedrigen spezifischen Widerständen lateral abgegrenzt werden. Die Existenz von wasserundurchlässigen Schichten, sowie die Sickerwege von Schadstofflösungen können ebenfalls geoelektrisch nachgewiesen werden.

Geoelektrische Tiefensondierung

Es werden bestimmt:

1. Die scheinbaren spezifischen Widerstände von horizontalen gelagerten Schichten.

2. Die Mächtigkeiten oder Tiefen der Schichtgrenzen, an denen sich die Widerstände ändern.

Es wird eine Vierpunkt-Anordnung verwendet, bei der ein stationäres elektrisches Feld künstlich erzeugt und in der Schlumberger-Anordnung (siehe Bild 2.5) gemessen wird. Über zwei gut geerdete Elektroden wird dem Untergrund ein Gleichstrom zugeführt mit der Stromstärke I. Die Potentialunterschiede U werden zwischen zwei eng benachbarten Sonden, die sich in der Mitte der Meßanordnung befinden, gemessen. Um eine Aussage über die Tiefenlage einzelner Schichten machen zu können, sind viele Einzelmessungen mit unterschiedlichen Elektrodenabständen L erforderlich.

Aus Stromstärke I, Spannung U und dem Geometriefaktor K wird der scheinbare spezifische Widerstand ρ_s berechnet (S. 17) und auf doppeltlogarithmischem Papier als Funktion aller gemessenen halben Elektrodenabstände (L/2) in Punkt eingetragen. Die einzelnen Punkte der Widerstandswerte werden zu einer "Sondierungskurve" verbunden (Bild 2.6). Die Auswertung der Sondierungskurven erfolgt durch ein Hilfspunktverfahren oder einen Vergleich mit Modellkurven in Kurvenatlanten [18] oder durch die Anwendung von DV-Programmen mit Inversionsverfahren, z.B. dem INGESO. Auf diese Weise werden die Anzahl der Schichten, die Schichtmächtigkeiten und die Schichtwiderstände ermittelt.

Die Tiefensondierung unterliegt zwei Einschränkungen:

1. Prinzip der Schichtunterdrückung: Geringmächtige Schichten zeichnen sich u.U. nicht in den Sondierungskurven ab.

2. Dem Äquivalenzprinzip: Die Auswertung einer Sondierungskurve liefert häufig mehrere äquivalente Lösungen, aus denen diejenige, welche den Schichtaufbau des Untergrundes am besten wiedergibt, ausgewählt wird. Das geschieht durch Korrelation benachbarter Sondierungen und unter Berücksichtigung geologisch-hydrogeologischer Gesichtspunkte. Diese interdisziplinäre Auswertung liefert Anhaltspunkte, ob Schichten unterdrückt wurden.

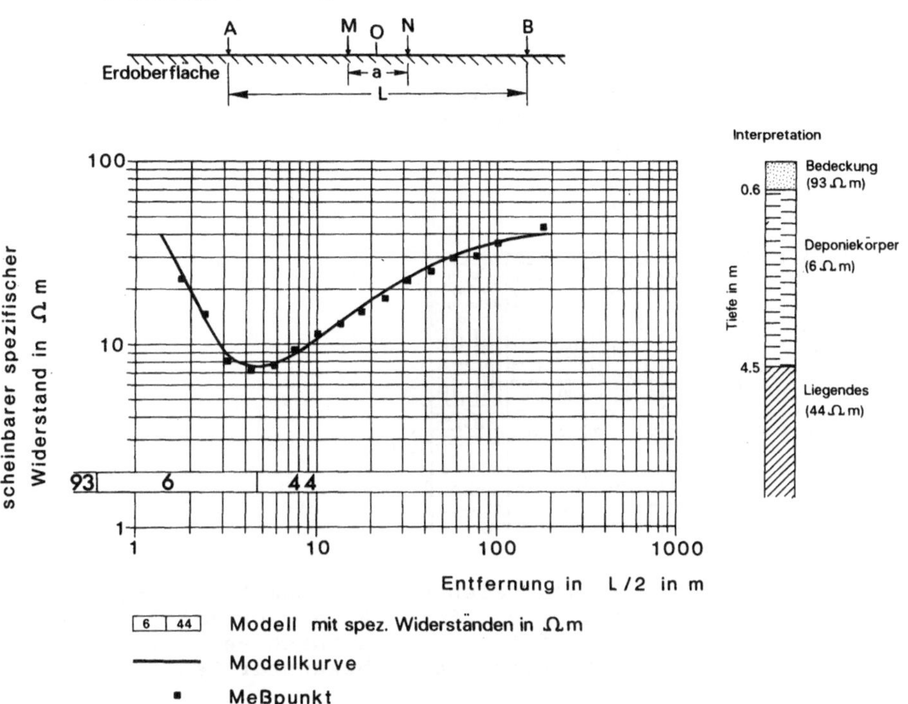

Bild 2.6. Beispiel für eine Sondierungskurve und Interpretation mit elektronisch berechneter Modellkurve (Minimumtyp "H") nach einer Tiefensondierung in Schlumberger-Anordnung.

Die Sondierungskurven werden außer in den Typ Minimum "H" in den Maximumtyp "K", eingeteilt. Außerdem gibt es die doppelt-aufsteigenden "A"-Kurven mit zweifacher Zunahme des Widerstands mit der Tiefe und die doppeltabsteigenden "Q"-Kurven.

Aus den Ergebnissen der Einzelauswertungen von Sondierungskurven werden dann geoelektrische Profilschnitte oder Tiefenlinienpläne konstruiert, in denen alle erkennbaren Schichtwiderstände und Schichtmächtigkeiten enthalten sind (Abb.3.13).

Wenn das Meßgebiet keinen homogenen, horizontal geschichteten Untergrund aufweist, treten störende Seiteneffekte auf, die eine Auswertung erschweren können. Im Modellstandortprogramm sind jedoch unerwartet homogene Widerstandsverteilungen, z.B. für Hausmülldeponien, nachgewiesen worden. Deshalb können auch für die Schichtmächtigkeiten und Widerstandswerte in derartigen Deponien präzise Angaben abgeleitet werden.

Hinsichtlich der Untersuchung allgemeiner geologischer bzw. hydrogeologischer Strukturen im Umfeld einer Altlast gelten dieselben Anwendungsbereiche wie bei der geoelektrischen Kartierung.

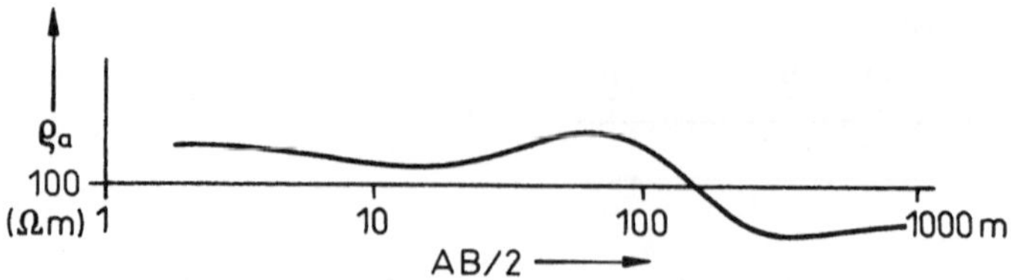

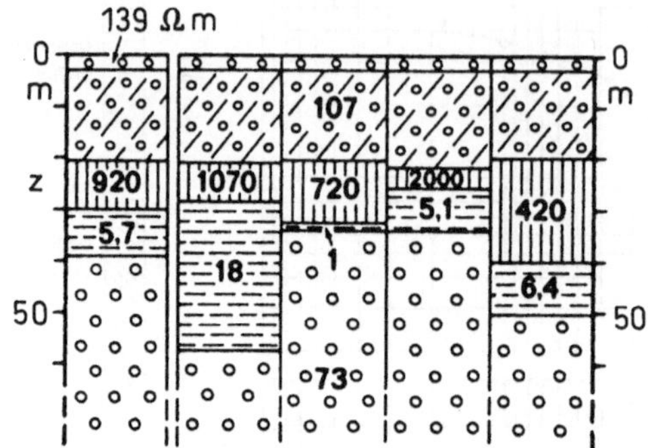

Bild 2.7 Gleichwertige (äquivalente) DV-Auswertungen einer geoelektrischen Sondierungskurve. Linke Säule: optimales Modell. Auswahl des "richtigen" Modells erfolgt durch Vergleich mit Nachbarkurven, unter Berücksichtigung bekannter Geologie.

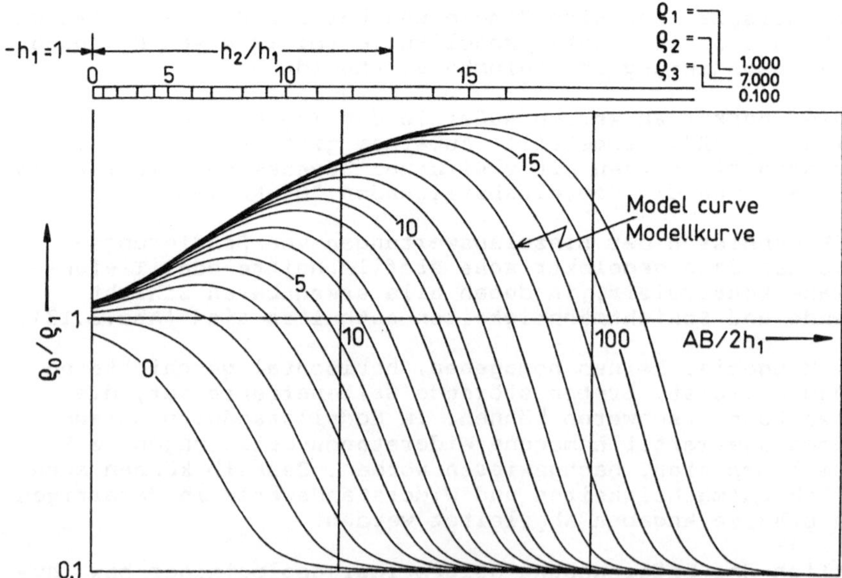

Bild 2.8. Dreischicht-Modellkurven im doppeltlogarithmischen Maßstab aus dem Atlas [18] für Schichtwiderstände im Verhältnis 1 (1.Schicht) : 7 (2. Schicht) : 0,1 (3. Schicht).

Zur gemessenen Sondierungskurve, die auf Transparentpapier gezeichnet wurde, sucht man durch Auflegen und Verschieben im Modellkurvenatlas die passende Modellkurve. Die Mächtigkeit der zweiten Schicht, die hier den 7-fachen ρs-Wert der ersten Schicht hat (siehe Zahlen rechts oben), ergibt sich aus der Nummer der Kurve, im Bild 2.8 ist das Nummer 13. Im Mächtigkeitsbalken über den Modellkurven kann die Mächtigkeit h_2 dann abgegriffen werden.

Induzierte Polarisation

Die Methode der Induzierten Polarisation (IP) beruht auf der Um- und Anlagerung von Ionen und Elektronen an Wänden oder Grenzflächen des Porensystems im mikroskopischen Bereich der Gesteine in einem Gleich- oder Wechselstromfeld. Die dabei entstehende Aufladung bzw. ihre Entladung sind die Meßparameter des Verfahrens. Folgende Prozesse sind für die Altlastenerkundung wichtig:

1. Metallische Polarisation in Gegenwart von Mineralen mit metallischer Stromleitung und hohem Glanz.

2. Grenzschichtpolarisation als ein Effekt der elektrischen Doppelschicht im Porenraumbereich.

Die metallische Polarisation tritt an metallischen oder mit Metall überzogenen Einlagerungen auf. Sie erzeugt starke IP-Anomalien. Die Grenzflächenpolarisation entsteht an Grenzflächen zwischen Mineralen und Flüssigkeiten. Sie bringt nur schwache IP-Anomalien hervor, die von Effekten der metallischen Polarisation überlagert werden können. In salinaren Wässern geht jede Aufladung verloren. Dies kann als Anzeichen einer Versalzung von Grund- oder Sickerwässern gedeutet werden.

Zur IP-Messung wird dem zu untersuchenden Untergrund über zwei Elektroden Strom zugeführt, worauf sich eine Aufladung einstellt. Diese verschwindet nach Abschalten des Stroms nicht sofort, sondern klingt langsam ab. Durch mehrfache Messungen der Spannung zwischen zwei Sonden in verschiedenen Zeitabständen wird eine Abklingkurve registriert, woraus sich die Meßgröße Aufladefähigkeit M ableiten läßt. Sie ist der Mittelwert über ein Zeitintervall der Abklingkurve. Häufig werden drei oder mehr Einzelabschnitte der Kurve getrennt registriert. Danach wird der Gleichstrom wieder eingeschaltet, aber umgepolt, damit Restaufladungen wieder gelöscht werden. In Bild 2.9 sind diese Vorgänge graphisch dargestellt. Der Verlauf der Abklingkurve ist sowohl von der Höhe des Primärstromes als auch vom Bau des Untergrundes abhängig.

Der erste Zeitabschnitt bis ca. 10 ms nach dem Abschalten des Aufladestroms verläuft nach den Gesetzen der Elektrodynamik. Induktionsvorgänge bestimmen die Spannungsverteilung im Untergrund. Erst danach überwiegt die elektrochemisch erzeugte Entladespannung. Man beginnt deshalb mit der Messung der Abklingkurve erst nach 10 bis 30 ms.

INDUZIERTE POLARISATION (IMPULSVERFAHREN)

1. Primärstrom – wird durch 2 Elektroden (E_1, E_2) in den Boden eingespeist (0,3 - 12 A)

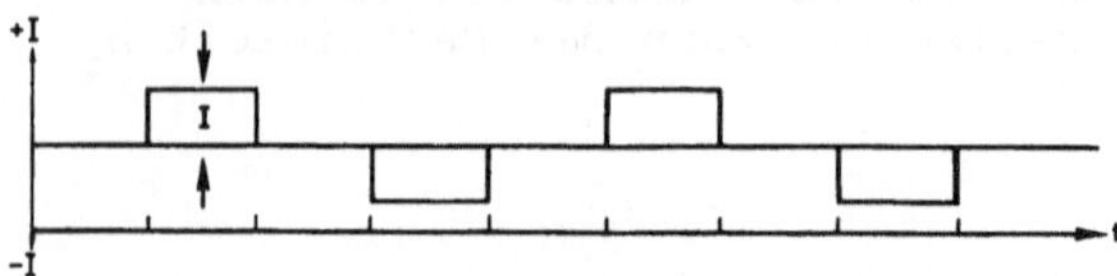

2. Sekundärspannung – wird durch 2 nichtpolarisierbare Sonden (S_1, S_2) aufgenommen (0,0001 - 10V)

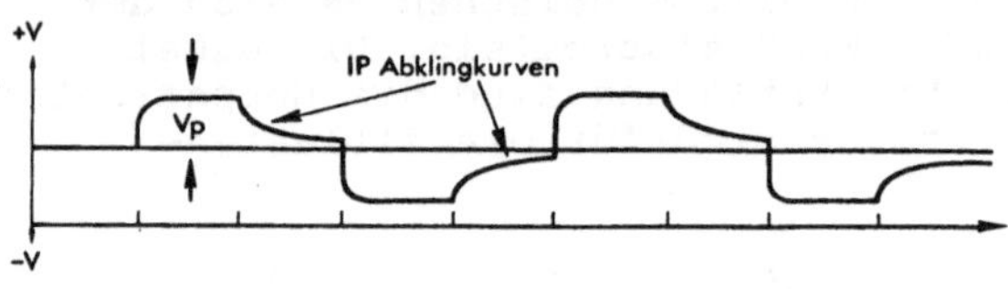

3. Abklingkurve mit Darstellung der Aufladefähigkeit M

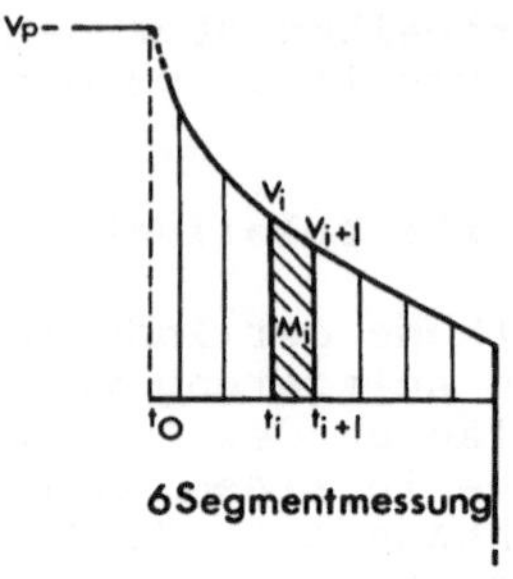

4. Messgrössen:

Scheinbarer Widerstand ρs

für die Dipol – Dipolanordnung:

$$\rho s = \pi n (n+1)(n+2) a \frac{Vp}{I} \quad [\Omega m]$$

für die Pol – Dipolanordnung:

$$\rho s = \pi \frac{V}{I} n (n+1) a \quad [\Omega m]$$

a = Dipollänge
n = Vielfaches von a
I = Primärstromstärke

Aufladefähigkeit M

$$M_i = \frac{1000\, V_i}{V_p} \quad [m\, V/V] \qquad V_i = \frac{\int_{t_i}^{t_i+1} V_{(t)}\, dt}{t_i - t_i+1}$$

t_i = Abklingzeit am Anfang des Segmentes
t_{i+1} = " " Ende " "
$V_{(t)}$ = Sondenspannung in der Abklingzeit
Vp = " " " Aufladezeit

5. Messanordnungen und Darstellung nach Hallof

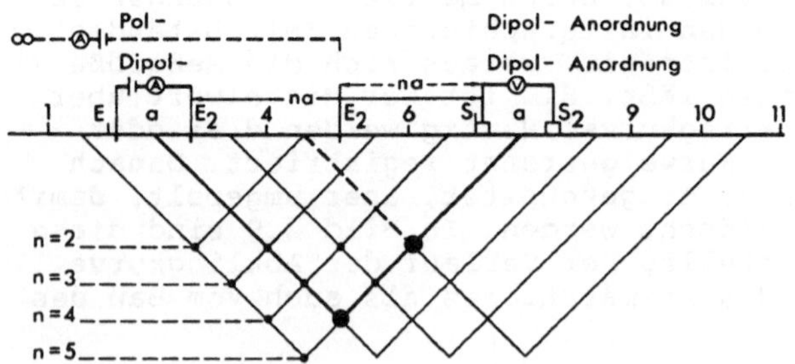

Bild 2.9. Meßprinzip der Induzierten Polarisation

Bei jeder IP-Messung wird nicht nur die Aufladefähigkeit bestimmt, sondern es wird auch die Eingangsspannung V_p gemessen. Sie wird zur Berechnung des scheinbaren spezifischen Widerstandes nach

$$\rho_s = K \cdot V_p/I \quad [\Omega m]$$

eingesetzt (K = Geometriefaktor). Diese Widerstandsmessung erfolgt ohne zusätzlichen Zeitaufwand und ohne zusätzliche Kosten. Die gemessenen Abklingspannungen betragen im allgemeinen nur 1% der Primärspannung V_p. Wenn sie unter das Niveau industrieller oder natürlicher, tellurischer Störspannungen absinken (ca. 1 mV), ist es erforderlich, hohe Primärströme einzuspeisen, um noch Abklingkurven messen zu können.

Häufig wird die Dipol-Dipol-Meßanordnung bei IP-Messungen eingesetzt. Ihre Vorteile liegen in ihrer Symmetrie: die IP-Körper befinden sich im Zentrum der Anomalien, und es können Hinweise auf das Einfallen und die Tiefe abgeleitet werden. Der mit Starkstrom gespeiste Elektrodendipol ist leichter überwachbar und kann gegen Unbefugte abgeschirmt werden.

Die Aussagetiefe und das Auflösungsvermögen der IP-Messungen hängen von der Dipollänge a und dem Abstand n·a der beiden Dipole ab (Bild 2.9). Die Dipollänge a sollte mindestens das Doppelte und höchstens das 10-fache der erwarteten Mächtigkeit des gesuchten Körpers betragen, um eine gute Auflösung zu erzielen. Die Wahl des Dipolabstandes bestimmt die geometrische Eindringtiefe mit

$$d \sim a \cdot (n+1)/2.$$

Üblich sind die Dipolabstände n=1 bis n=6. Man kann indessen die Dipolabstände nur solange erweitern, bis mit fortschreitender Tiefe das verschlechterte Signal-Stör-Verhältnis exakte Messungen verhindert.

Die IP-Rohmeßdaten der Dipol-Dipol-Anordnung werden in den scheinbaren spezifischen Widerstand ρ_s, die Aufladefähigkeit, sowie den Abklingkoeffizienten umgerechnet und in Pseudoprofilen dargestellt. Diese stellen lediglich eine graphische Veranschaulichung der o.g. Parameter dar, aus denen gewisse Angaben über Form und Ort der IP-Körper abgeleitet werden können (s. Abschn. 1.4 u. Bild 2.9).

Anwendungsgebiete der IP-Messungen sind die Abgrenzung von Altlasten zum umgebenden Bodenmaterial und die Erfassung von polarisierbaren Einlagerungen, sowie die Verfolgung von salinaren Kontaminationsfahnen im Umfeld.

Die Kenntnis der Aufladefähigkeiten von Altmaterial und Abfällen ist noch begrenzt. Erhöhte Aufladefähigkeiten wurden bisher festgestellt bei galvanischen Schlämmen, bedrucktem Papier, glasierten Tonscherben, rostigem Eisenschrott, Buntmetallabfällen, Granaten- und Patronenhülsen, Gießereisanden und Abfällen der Elektroinstallation.

Eigenpotentialmessung

Natürliche elektrische Gleichstromfelder (Eigenpotentiale), bzw. deren Potentialverteilung an der Erdoberfläche, können Hinweise über Inhomogenitäten im Untergrund liefern. Eigenpotentiale (EP), nach dem englischen Ausdruck self potential, oft auch mit SP abgekürzt, entstehen bei elektrochemischen Prozessen, die sich zwischen Erzen, metallischen Einlagerungen, Gesteinen und dem Grundwasser bzw. den Gesteinsfluiden abspielen. Diese Reduktions- und Oxidationsvorgänge, die auf statische Kontakte zurückzuführen sind, werden Redoxpotentiale genannt.

Außerdem entstehen elektrische Potentiale bei der Bewegung von Wässern oder Gasen im Boden. Diese werden als Fließ- bzw. Strömungspotentiale bezeichnet. Sie werden durch Grundwasserbewegungen, z.B. durch das Versickern von Niederschlags- oder Deponiewässern, hervorgerufen. Die Fließpotentiale sind meist viel kleiner (< 10 mV) als die Redoxpotentiale (20 - > 100 mV). Bild 2.10 zeigt schematisch verschiedene Eigenpotentialanomalien, die im Bereich einer Altlast auftreten können.

Das Verfahren kann bedingt zur Erfassung von oxydierenden Metalleinlagerungen oder von Fließvorgängen im Untergrund eingesetzt werden. Die ineinandergreifenden elektrochemischen und elektrokinetischen Wechselwirkungen führen jedoch dazu, daß die Interpretation der Meßergebnisse schwierig ist. Die Methode kann deshalb z.Zt. für die Aufsuchung und Identifizierung von Altlasten nur qualitative Erkenntnisse vermitteln.

Bei dem Nachweis von Gasaustritten haben sich stattdessen EP-Messungen bewährt. Hier treten stärkere und rasch wechselnde Fließ- bzw. Strömungspotentiale auf, die sich auf Grund ihrer zeitabhängigen Veränderungen gut von den Redox-Potentialen unterscheiden lassen. Allerdings sind hierfür ein sehr dichtes Meßnetz und Wiederholungsmessungen in Minutenabständen erforderlich.

Die Wiederholungsmessungen haben die Aufgabe, die zeitlichen Veränderungen des Potentialfeldes zu registrieren. Insbesondere in Industriegebieten oder an elektrifizierten Bahnstrecken treten örtlich begrenzte Störspannungen, die > 30 mV sein können, häufig auf. Außerdem wird ein tagesabhängiger Gang des Potentialfeldes von längerperiodischen Spannungen tellurischen, d.h. natürlichen Ursprungs, erzeugt. Gegen diese Variationen des Potentialfeldes wird die gleichzeitige Registrierung vieler Sonden (> 100) in kurzen Zeitabständen, die "Scannermethode", erfolgreich eingesetzt.

Die EP-Messung ist technisch einfach. Sie besteht aus einer Spannungsmessung zwischen zwei unpolarisierbaren Sonden, wobei eine Sonde als Referenzelektrode dient, die in einem elektrisch ungestörten Gebiet in den Boden gesteckt wird. Mit der zweiten Sonde, die als Wandersonde entlang eines Profils versetzt wird, werden Betrag und Vorzeichen der jeweiligen Potentialdifferenz gegen die Festelektrode bestimmt. Bei der Scannermethode wird auch nur eine Referenzelektrode verwendet. Die Spannung wird jedoch gleichzeitig gegen viele Feldsonden gemessen.

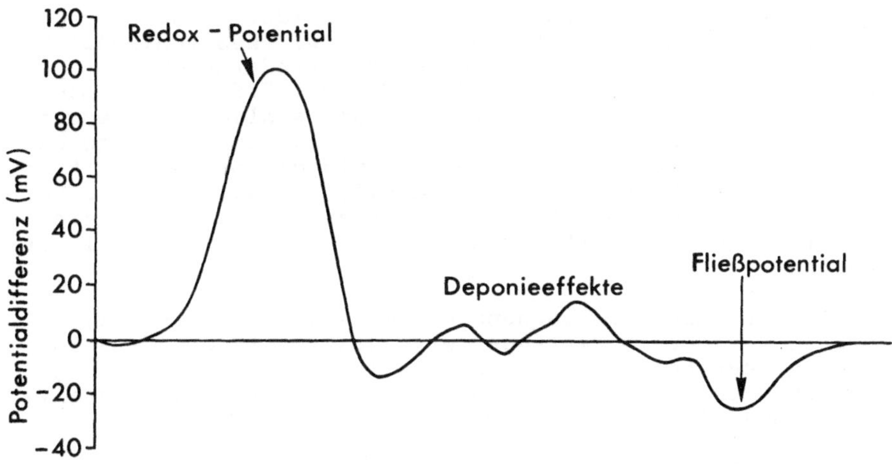

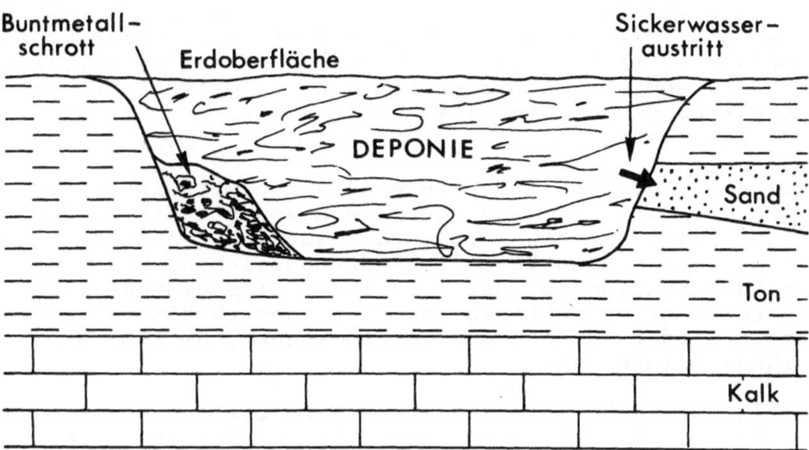

Bild 2.10. Schematische Darstellung verschiedener Eigenpotentialanomalien über einer Altlast

2.2.2 Wechselstromverfahren

Elektromagnetische Kartierung

Bei diesen Messungen mit koplanaren, d.h. horizontal gerichteten, beweglichen Sender- und Empfängerspulen werden vertikal polarisierte Sinusschwingungen von einer Sendespule mit vertikaler Achse abgestrahlt (sog. Slingram-Verfahren). Das entstandene Feld induziert bei seinem Lauf durch die Erde in Gesteinskörpern unterschiedlichen elektrischen Widerstandes sekundäre Felder. Diese können dem Primärfeld entgegen oder gleichgerichtet sein. Durch Überlagerung beider Felder entsteht ein drittes Feld, das resultierende Feld, welches schließlich vom Empfänger aufgenommen wird. Aus den Veränderungen von Inphase- und Outphasedaten gegenüber dem Primärfeld kann man auf die Lage elektrisch besonders gut oder schlecht leitender Körper im Untergrund schließen. Als Inphasekomponente wird der Feldanteil mit der gleichen Phasenlage wie die primäre elektromagnetische Welle bezeichnet. Der Anteil, der um 90° phasenverschoben ist, wird Outphasekomponente genannt. Das Meßprinzip der elektromagnetischen (EM-) Kartierung wird in Bild 2.11 veranschaulicht.

Es können meist mehrere Frequenzen vom Sender nacheinander abgestrahlt werden. Im Empfänger wird das resultierende Feld aufgenommen, verstärkt und durch eine Kompensationsschaltung mit dem über ein Kabel direkt übermittelten Primärfeld verglichen und kompensiert.

Die Inphasewerte werden von Veränderungen des Abstandes Sender - Empfänger beeinflußt. Bei Messungen im bergigen Gelände ist deshalb die Bestimmung der Hangneigung zwischen zwei Meßpunkten erforderlich. Die Auslage, d.h. die Entfernung zwischen Sender und Empfänger, richtet sich nach der Größe der zu kartierenden Strukturen, sowie nach der gewünschten Eindringtiefe. Die maximale Erkundungstiefe eines solchen Gerätes beträgt 0.4 bis 0.8 der Auslagenlänge.

Der Meßpunkt, auf den sich die gemessenen Daten beziehen, liegt stets in der Mitte der Auslage. Die Meßpunktabstände dürfen höchstens 1/4 der Auslagenlänge betragen. Der Abstand und die Lage einzelner Meßpunkte zu Geländekennzeichen, wie Wegkreuzungen, Bahnüberführungen oder Waldränder sind einzumessen, um die Meßpunkte so genau in Lagepläne eintragen zu können, daß sie jederzeit wieder aufgefunden werden können, um z.B. Bohrungen im Gelände anzusetzen.

Da metallische Kabel, Telefon- und Wasserleitungen elektromagnetische Anomalien hervorbringen können, die denen der natürlichen Körper gleichen, sind alle Meßlinien und ihre Umgebung mit induktiv arbeitenden Leitungssuchgeräten zu überprüfen, um Fehlinterpretationen auszuschließen.

Die Beziehung zwischen spezifischem Widerstand, Eindringtiefe und Meßfrequenz einer ebenen homogenen Welle zeigt das Nomogramm in Bild 2.12. Im eingezeichneten Beispiel entspricht der Meßfrequenz von 3555 Hz und dem spezifischen Gesteinswiderstand von 30 Ωm eine Eindringtiefe der EM-Messung von maximal 50 m. Bei gleichem Widerstand würden z.B. bei 10.000 Hz nur noch 20 m Eindringtiefe erzielt. Einer Vergrösserung der Eindringtiefen durch die Verminderung der Frequenz sind indessen auch Grenzen gesetzt, da für die Abstrahlung niedrigerer Frequenzen viel mehr Energie benötigt wird, als bei tragbaren Geräten erzeugt werden kann. Es ist deshalb erforderlich, die Frequenzen so auszuwählen, daß sie unter Feldbedingungen gute Eindringtiefen erzielen.

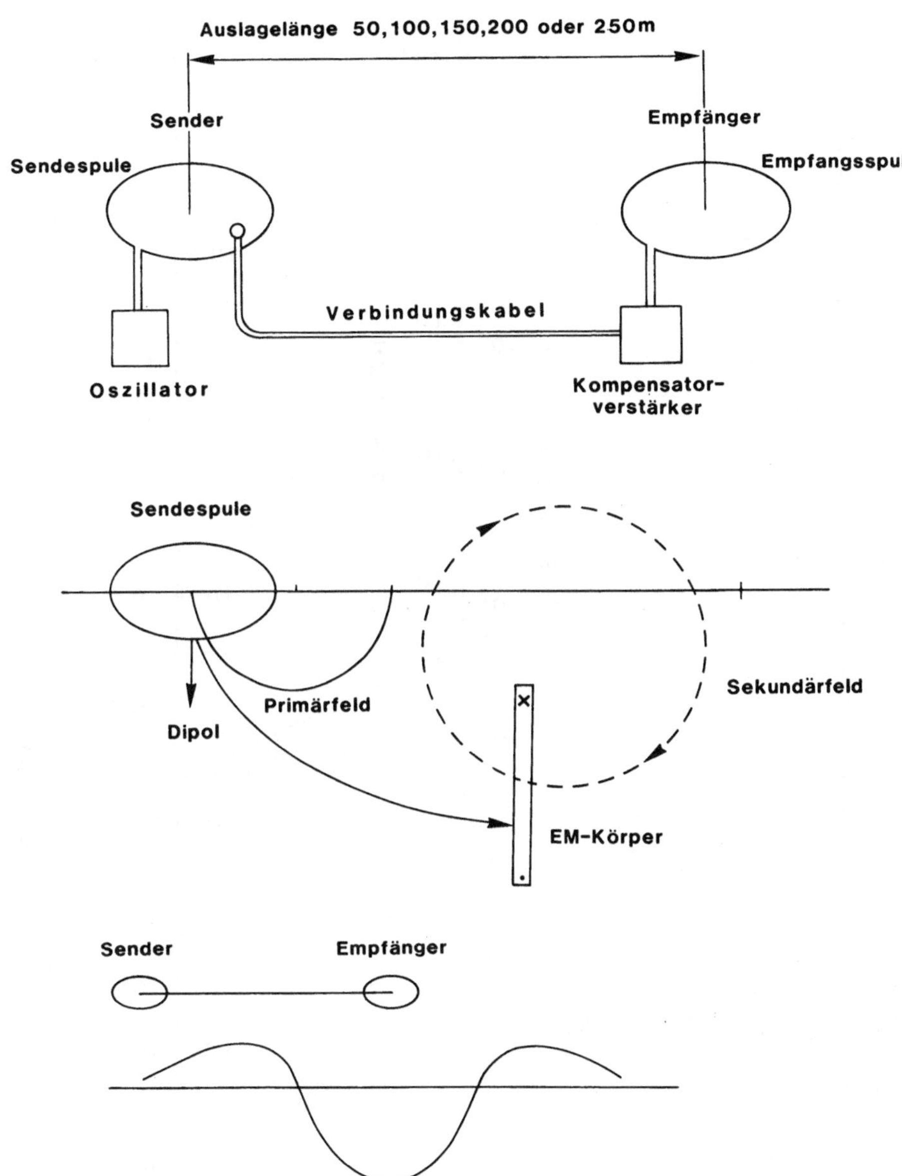

Bild 2.11. Meßprinzip der elektromagnetischen Kartierung

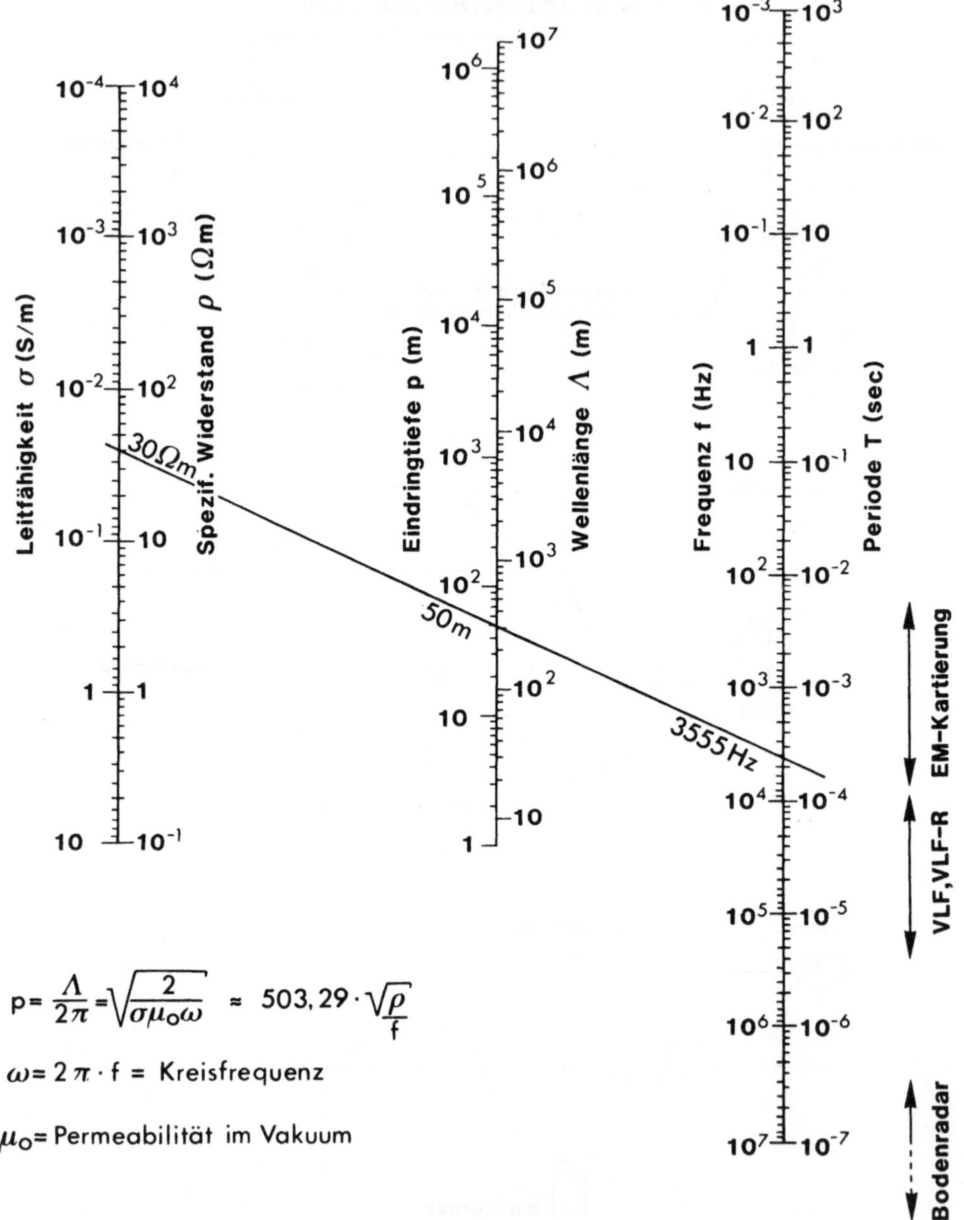

Bild 2.12. Nomogramm zur Beziehung zwischen spezifischem Widerstand (linke Säule), Eindringtiefe (mittlere Säule) und Meßfrequenz (rechte Säule) einer ebenen homogenen Welle

Das Verfahren wird vornehmlich zur Kartierung lateraler Leitfähigkeitsunterschiede eingesetzt. Mögliche Zielobjekte sind z.B. Deponieabgrenzungen, steilstehende grundwasserleitende Strukturen wie Verwerfungen, Spalten und Kluftzonen. Aus der Korrelation einzelner EM-Indikationen von Profil zu Profil können Verwerfungs- und Spaltensysteme konstruiert werden, welche die Sicker- und Fließwege von Schadstoffen darstellen.

In der Praxis haben sich Frequenzen zwischen 800 und 7000 Hz am Besten bewährt. Bei niedrigeren Frequenzen wird zwar eine höhere Eindringtiefe erreicht, aber es wird auch mehr Sendeenergie benötigt. Die NICAD-Akkumulatoren, welche für tragbare EM-Sender verwendet werden, sind dafür jedoch häufig zu schwach.

Bild 2.13 zeigt typische elektromagnetische Meßkurven der Inphase- und Outphasekomponente über steilstehenden, elektrisch gutleitenden plattenförmigen Körpern, wie z.B. Verwerfungen, Spalten oder Kluftzonen. Die Art des Einfallens dieser Körper bestimmt die Form der Anomalien in den Meßkurven.

Elektromagnetik mit fernen Sendern - VLF

Ein besonderes EM-Verfahren stellt die Very Low Frequency-(VLF)-Methode dar. Sie arbeitet mit Frequenzen zwischen 12 und 24 KHz. Diese sind aus Sicht der elektromagnetischen Kommunikationstechnik sehr niedrig, für die geophysikalische Anwendung der Elektromagnetik indessen ungewöhnlich hoch, da sie nur geringe Eindringtiefen erreichen.

Die Sinusschwingungen werden von fest installierten, extrem starken, jedoch weit entfernten Sendern für die U-Boot Navigation ausgestrahlt und induzieren Stromsysteme in elektrisch leitenden Körpern im Untergrund. Aus deren Anordnung kann man auf die räumliche Lage leitfähiger Körper schließen. In der Tabelle 2.2 werden einige VLF-Sender aufgeführt.

Tabelle 2.2. VLF-Sender

Sender	Standort	Frequenz (kHz)	Leistung (kW)
FUO	Bordeaux, Frankreich	15,1	500
GBR	Rugby, Großbrittanien	16,0	750
UMS	Moskau, GUS	17,1	1000
NAA	Cutler, Maine USA	17,8	1000
NLK	Seattle, Washington USA	18,6	300
IVC	Tavolara, Italien	20,3	500
NWC	NW-Cape Australien	22,3	1000

Obwohl man bei VLF-Messungen den eigenen Sender einspart, hat das Verfahren Nachteile: Durch den großen Senderabstand entsteht ein nahezu homogenes Feld, das kleine, randliche Strukturen nicht immer erfassen kann. Außerdem sollte das Meßprofil möglichst senkrecht zur Verbindungslinie zwischen dem Sender und dem zu untersuchenden Objekt stehen, um möglichst hohe Anomalien zu erhalten und um sonst unvermeidliche Verzerrungen zu vermeiden (Bild 2.14a,b). Darüberhinaus ist die Eindringtiefe meist <20 m. Bei Beachtung dieser Einschränkungen ist VLF jedoch bei den gleichen Fragestellungen wie die EM-Kartierung einsetzbar.

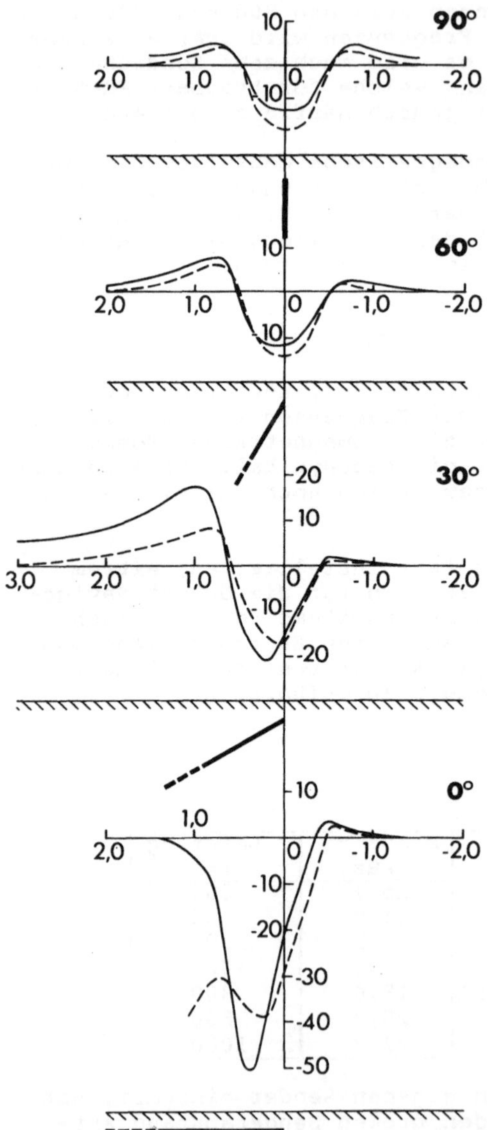

Bild 2.13. Typische elektromagnetische Meßkurven über steilstehenden, elektrisch gutleitenden Strukturen, z.B. Verwerfungen, Spalten oder Kluftzonen mit unterschiedlicher Neigung.

Bei der VLF-Widerstandsmessung auch VLF-R oder Radioohm-Verfahren genannt, wird das horizontale elektrische Feld an der Erdoberfläche und zusätzlich die dazu senkrechte Komponente des horizontalen Magnetfeldes in Luft bestimmt. Daraus können folgende Größen berechnet werden:

1. Realteil zwischen der Vertikal- und Horizontalkomponente des magnetischen Feldes, das aus den in gutleitenden Körpern induzierten Strömen entsteht.

2. Imaginärteil zwischen der Vertikal- und Horizontalkomponente des magnetischen Feldes, das aus den in gutleitenden Körpern induzierten Strömen entsteht.

3. Magnetische Totalintensität

4. Scheinbarer spezifischer Widerstand

5. Phasendifferenzen zwischen horizontalen elektrischen und magnetischen Feldkomponenten

Diese Meßwerte müssen um den Tagesgang und kurzperiodische Schwankungen der Feldintensität korrigiert werden. Demzufolge ist bei genaueren Messungen eine kontinuierliche Registrierung dieses Ganges unerläßlich. Zu beachten ist außerdem, daß die VLF-Sender zeitweilig abgeschaltet werden können. Eine Untersuchung aller störenden Einflüsse ist in [2] enthalten.

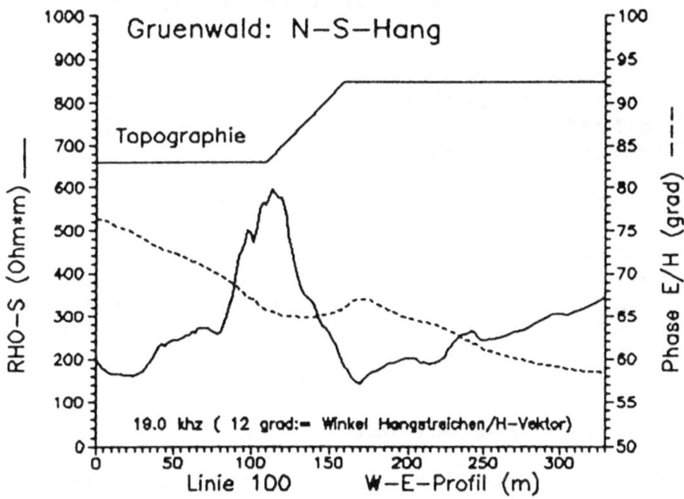

Bild 2.14a. Wirkung der Topographie bei VLR-R Messungen auf den elektrischen Widerstand und die Phasendifferenz zwischen horizontalen elektrischen und magnetischen Feldern. Es wurde ein Sender mit 19,0 kHz und einem Winkel von 12° zur Längserstreckung des Hanges (senkrecht zur Bildebene) verwendet.

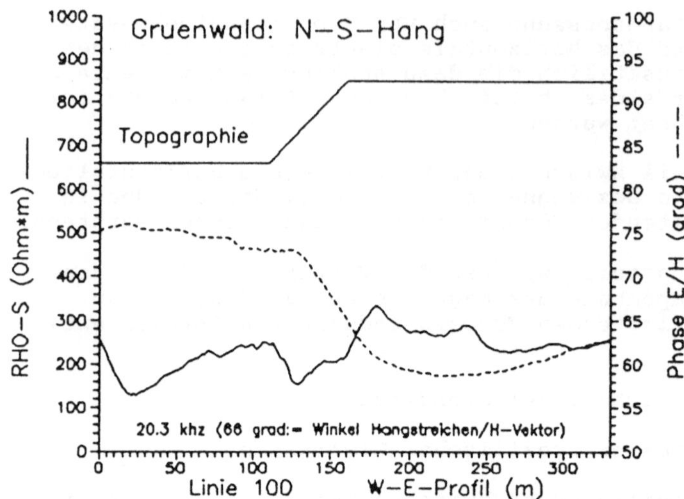

Bild 2.14b. Bei Senderwechsel ändert sich der Einfluß der Topographie auf die VLF-R Messungen so sehr, daß die Ergebnisse nicht vergleichbar sind. Hier ist bei gleicher Topographie ein Sender mit 20,3 kHz und einem entsprechenden Winkel von 66^0 gewählt worden.

Aus den großen Unterschieden des Einflusses der Topographie bei Verwendung verschiedener Sender ergibt sich, daß VLF-R Messungen möglichst nur in ebenen Gebieten angewendet werden dürfen, wenn zuverlässige und vergleichbare Ergebnisse erzielt werden sollen.

Neben dieser nachteiligen Richtungsabhängigkeit sollte man die Vorteile des VLF-R Verfahrens nicht übersehen: VLF-R gewährleistet einen raschen Meßfortschritt sowie die Möglichkeit, bei Verwendung unterschiedlicher Sender, einschließlich der Langwellen-Radiosender mit Frequenzen bis zu 240 KHz, eine Art multifrequente -Tiefensondierung (FEM) vorzunehmen.

Diese Methode eignet sich dazu, rasch größere Flächen zu überdecken und dabei generelle Kenntnisse über die Widerstände des Untergrundes zu gewinnen, denn alle VLF-R Messungen werden mit leichten, tragbaren Geräten vorgenommen, wobei die Dauer einer Messung nur wenige Minuten beträgt.

Elektromagnetische Messungen aus der Luft

Elektromagnetische Messungen aus der Luft, vom Hubschrauber oder Flugzeug aus, werden meist nach der Schleppkörpermethode durchgeführt. Dabei wird eine ca. 6 bis 10 m lange Meßsonde an einem 20 bis 30 m langen Kabel vom Fluggerät mitgeführt. Der

Sender und der Empfänger des Meßsystems sind an den beiden entgegengesetzten Enden der Sonde angebracht. Das Prinzip des Verfahrens entspricht dem der elektromagnetischen Messungen vom Boden (Bild 2.15).

Da die Meßwerte des Sekundärfeldes wegen des geringen Sender-Empfänger-Abstandes und des großen Abstandes der Primärquelle zu den Untersuchungsobjekten nur sehr gering sind, werden große Anforderungen an die Genauigkeit der Meßgeräte gestellt. Sie liegt um bis zu 3 Zehnerpotenzen höher als bei Bodenmessungen.

Es wird ein Meßraster mit parallelen Meßprofilen geflogen, deren Abstände sich nach dem jeweiligen Untersuchungszweck richten. Gebräuchlich sind 50 bis 200 m. Die Flughöhe der Meßsonde beträgt ca. 30 bis 50 m.

Die Darstellung der Ergebnisse erfolgt meist in Isolinienkarten, wobei die scheinbaren spezifischen Widerstände aus den registrierten Phasenwerten (In- und Outphase, s.o.) unter Zuhilfenahme spezieller Modellrechnungen ermittelt werden (z.B. [10,24]).

Ein Anwendungsgebiet der elektromagnetischen Messungen aus der Luft ist die Kartierung der Salzwasser/Süßwassergrenze in küstennahen oder ariden Gebieten. Allgemein können mit der Methode gute elektrische Leiter in Tiefen bis etwa 200 m erkundet werden. Allerdings ist dies nur möglich, wenn die Deckschichten hohe elektrische Widerstände aufweisen. Im Rahmen der Altlastenerkundung kann die Methode wegen ihrer hohen Kosten nur in Ausnahmefällen zum Einsatz kommen und sollte dann möglichst mit der Aeromagnetik und Aeroradiometrie kombiniert werden (siehe Abschn. 2.1.2).

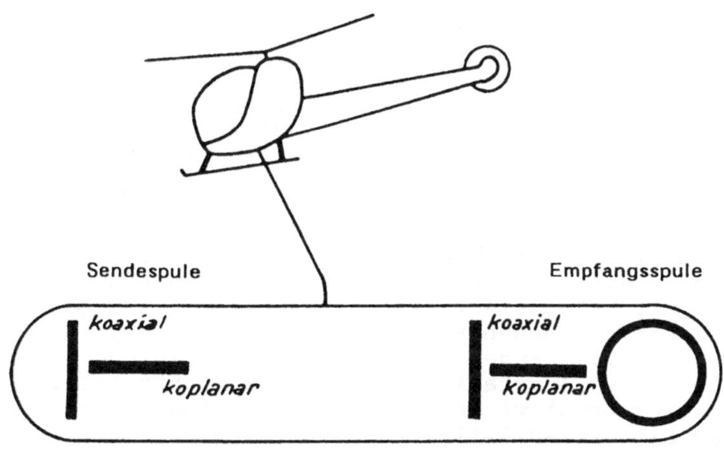

Bild 2.15. Schema elektromagnetischer Messungen vom Hubschrauber mit starrem Schleppkörper (Dighem II System). Der Abstand der maximal gekoppelten Sende- und Empfangsspulen beträgt 8 m.

Radar

Das Elektromagnetische Reflexionsverfahren (EMR) wird in Form des Bodenradars zur Erkundung des Erdbodens in geringer Tiefe angewendet. Dabei wird die Reflexion von hochfrequenten elektromagnetischen Wellen mit Frequenzen von 10 MHz bis 4 GHz an horizontalen Materialgrenzen genutzt, an denen sich die dielektrischen Eigenschaften ändern.

Der elektrische Widerstand des Bodens bestimmt die Eindringtiefe; niedriger Widerstand, bzw. hohe Leitfähigkeit dämpft die Energie so stark, daß z.B. in gut leitenden Tonschichten nur Tiefen < 0,2 m erreicht werden. Andererseits können Radarsignale Gesteine mit sehr schlechter Leitfähigkeit bzw. sehr hohen Widerständen, wie Salzlagerstätten oder Gletschereis bis zu mehreren Hundertmetern, durchdringen.

Da Wasser eine sehr große Dielektrizitätskonstante besitzt, wird das Ergebnis durch unterschiedliche Boden- oder Gesteinsfeuchtigkeiten wesentlich verändert. Neben dem Tongehalt verhindert der meist nur annähernd bekannte Wassergehalt exakte, materialbezogene Aussagen. Die Interpretation von Radarergebnissen bedarf deshalb noch der Kontrolle durch andere geophysikalische Methoden.

Von einer Quelle oder Sendeantenne werden Impulse der o.g. Frequenzen abgestrahlt. An der Empfangsantenne werden die nicht im Boden absorbierten, sondern reflektierten Impulse, zeitgenau aufgezeichnet. Bei den Messungen werden Sender und Empfänger über den zu untersuchenden Untergrund gezogen, wobei ein kontinuierliches Profil registriert wird. Dazu werden kurzzeitige elektromagnetische Impulse über eine Antenne senkrecht in den Boden abgestrahlt. Das Meßprinzip ist in Bild 2.16 graphisch veranschaulicht.

Der Empfänger registriert die an Diskontinuitätsflächen reflektierten Signale nach einer bestimmten Laufzeit, die von dem durchstrahlten Material abhängig ist. Dieses Verfahren ähnelt nicht nur der Reflexionsseismik, sondern es ist sogar möglich, deren Auswerteprogramme bei der Bodenradar-Interpretation zu verwenden. Wie in der Seismik kann aus der Laufzeit, bei Kenntnis der Ausbreitungsgeschwindigkeit, auf die Tiefenlage des Reflektors geschlossen werden.

Bodenradarmessungen sind eine schnelle und hochauflösende Untersuchungsmethode für oberflächennahe Objekte (von 0,1 bis ca. 3 m Tiefe). Voraussetzung sind trockener, homogener Untergrund möglichst mit hohem elektrischen Widerstand, und geringe Objekttiefe. Mit dem Bodenradar kann die Ortung von Einzelobjekten, wie Rohrleitungen, Kabeln, Fundamenten und Hohlräumen erfolgen. Sowohl metallische als auch nichtmetallische Objekte können erkundet werden. Die Methode eignet sich somit speziell zum Einsatz an Altlasten mit geringmächtiger Überdeckung und an Industriebrachen.

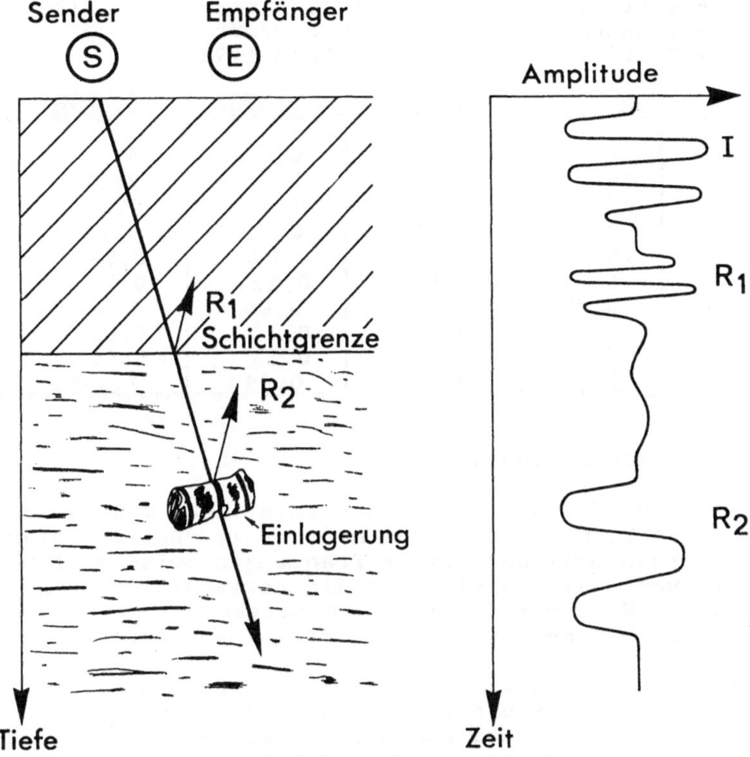

I = gesendeter Radarimpuls
R_1, R_2 = reflektierte Impulse

Bild 2.16. Meßprinzip des Bodenradars

Zur Erzielung größerer Eindringtiefen ist es gemäß Bild 2.12 notwendig, niedrige Sendefrequenzen >100 KHz zu verwenden. Damit verringert sich jedoch das Auflösungsvermögen, denn dieses wächst mit zunehmender Frequenz. Ein optimaler Frequenzbereich stellt deshalb immer einen Kompromiß zwischen Tiefenreichweite und Auflösungsvermögen dar und muß entsprechend den jeweiligen Standortbedingungen und Fragestellungen gewählt werden.

Bodenradarmessungen liefern fast immer eine große Zahl von anomalen Reflexionen, die auf kleinräumige Struktur- und Texturveränderungen des Bodens hinweisen, jedoch nicht in jedem Falle auf Einlagerungen oder Schadstoffkonzentrationen in Altlasten zurückgehen. Bei der Auswertung und Beurteilung dieser Methode ist deshalb besondere Sorgfalt und Vorsicht geboten.

Tabelle 2.3. Dielektrizitätskonstante (K), elektrische Leitfähigkeit (σ), el. Geschwindigkeit (v) und Dämpfung (a) bei einer Frequenz von 100 MHz nach Davis & Anan (1989)

Material	K	σ(mS/m)	v(m/ns)	a(dB/m)
Luft	1	0	0,3	0
Wasser	80	0,01	0,33	$2x10^{-1}$
Meerwasser	80	$3.0\ 10^{4}$	0,01	0,1
Sand, trocken	4	0,01	0,15	0,01
Sand als Aquifer	25	$0,1^{-1}$	0,06	0,03
Kalk	6	$0,5^{-2}$	0,12	0,04
Ton, fett	5-35	0,05	0,06	1,0-300
Granit	5	$0,1^{-1}$	0,13	0,01
Steinsalz	6	$0,1^{-1}$	0,13	0,01
Tonschiefer	5-15	0,03	0,09	1,0-100

Elektromagnetische Sondierungen (FEM)

Bei dieser Methode wird das Prinzip angewendet, daß mit abnehmender Frequenz die Eindringtiefe des Meßsignals zunimmt (siehe Bild 2.12). Es werden möglichst viele Frequenzen zwischen 1 bis 60.000 Hz in den Boden eingespeist und die horizontalen (H_r) und die vertikalen (H_z) magnetischen Komponenten des stationären elektromagnetischen Feldes für jede Frequenz gemessen.

Das elektromagnetische Feld wird durch eine große, horizontal auf dem Erdboden verlegte Spule (Kabelschleife) induktiv im Untergrund angeregt. Sender und Empfänger bleiben während einer Messung am gleichen Ort. Meist werden das Verhältnis der beiden magnetischen Komponenten H_r/H_z sowie ihr Phasenunterschied $\Delta\phi$ registriert.

Die digitale Auswertung und Interpretation der Rohmeßdaten ist schwierig und kann nur von erfahrenen Geophysikern mit Hilfe von Rechnern mit umfangreichen Speichermöglichkeiten ausgeführt werden. Das Verfahren ergibt ähnliche Resultate wie die Gleichstromsondierungen. Es ist indessen aufwendiger und sollte vornehmlich dort eingesetzt werden, wo wegen zu hoher oder zu niedriger Widerstände der Deckschichten Gleichstrom-Tiefensondierungen erschwert werden.

Wünschelrute

Wünschelruten sind primitive Instrumente zur Lokalisierung sehr starker, steilflankiger und langgestreckter Minima des elektromagnetischen Gesamtfeldes. Schweißdrähte, deren Enden um 90° abgebogen wurden und die in trockenen Händen horizontal und locker geführt werden, drehen sich nach der elektrodynamischen Schraubenregel in die Richtung des Feldes. Damit lassen sich metallische Leitungen in geringen Tiefen bei sandiger Einbettung orten. Da die Fehlerquote sehr hoch ist, wird empfohlen besser handelsübliche Leitungssuchgeräte zu benutzen. Die Tiefe und Ausdehnung geologischer Strukturen oder von Grundwasserleitern ist mit der "Rute" nicht oder nur spekulativ bestimmbar.

2.3 Seismik

2.3.1 Allgemeines

Die seismischen Verfahren beruhen darauf, daß sich die Gesteine der oberen Erdkruste in ihren elastischen Eigenschaften unterscheiden. Eine an der Erdoberfläche künstlich durch Hammerschlag, Fallgewicht, Vibratoren oder Sprengung erzeugte seismische Welle durchläuft den Untergrund mit einer materialabhängigen Geschwindigkeit und wird an Grenzflächen, an denen sich die seismische Geschwindigkeit oder auch die Dichte ändern, gebeugt, gebrochen und reflektiert.

Auf diese Weise gelangen Anteile der ausgesandten Welle nach verschieden langen Laufwegen an die Erdoberfläche zurück, wo sie durch eine Schar von Empfängern, sog. Geophonen, registriert werden, welche meist entlang einer Profillinie angeordnet sind. Aus der Laufzeit der Wellen vom Anregungspunkt zu den Geophonen kann die seismische Geschwindigkeit und die Tiefenlage der seismisch wirksamen Grenzflächen abgeleitet werden. Die Seismik liefert somit Kenntnisse über den Schichtaufbau des Untergrunds und kann nicht nur zur Klärung geologischer oder hydrogeologischer Probleme beitragen, sondern ggf. auch Kenntnisse über den Aufbau und die Ausdehnung von Deponiekörpern vermitteln.

Die Ausbreitung seismischer Wellen im Untergrund erfolgt nach den Gesetzen der geometrischen Optik. Die Brechung von seismischen Wellen an Schichtgrenzen mit höheren seismischen Geschwindigkeiten im Liegenden wird bei der im nachfolgenden Abschnitt 2.3.2 beschriebenen **Refraktionsseismik** (Bild 2.17) für die Erkundung des räumlichen Verlaufs einer derartigen Schichtfläche ausgenutzt. Im Gegensatz dazu werden bei der **Reflexionsseismik** (Bild 2.18, Abschn. 2.3.3) die an vielen Schichtgrenzen reflektierten Wellen ausgenutzt.

Beim Erzeugen einer seismischen Welle wird das Gestein auf Druck, Dehnung und Schub beansprucht. Dabei entstehen verschiedene Typen elastischer Wellen, die sich mit verschiedenen Geschwindigkeiten ausbreiten. Die Fronten der Raumwellen pflanzen sich vom Anregungszentrum aus gleichmäßig nach allen Seiten im Gestein fort. Es gibt zwei verschiedene Raumwellen: Die Kompressions- oder Longitudinalwelle und die Scher- oder Transversalwelle. Die Kompressionswelle, die sich mit größerer Geschwindigkeit fortbewegt, als die Scherwelle, erreicht daher ein Ziel zuerst. Sie wird dementsprechend als Primärwelle (P-Welle) bezeichnet und die langsamere Scherwelle als Sekundärwelle (S-Welle).

S-Wellen ermöglichen durch ihre geringere Wellengeschwindigkeit eine höhere Auflösung von Strukturen. Allerdings können sich S-Wellen im Lockergestein nur sehr schwach und in Flüssigkeiten gar nicht ausbilden. Zur Anregung und Registrierung dieses Wellentyps ist deshalb ein hoher meßtechnischer Aufwand notwendig. Neben den Raumwellen gibt es die Oberflächenwellen oder direkten Wellen, die sich an der Erdoberfläche ausbreiten. Sie können bei flachgründigen Untersuchungen störend wirken.

Beim Abschätzen seismischer Geschwindigkeiten gelten folgende Faustregeln:

1. Innerhalb der meisten Schichten nimmt die Geschwindigkeit mit wachsender Tiefe allmählich zu. Dies ist bei oberflächennahen Schichten besonders ausgeprägt, da ihre Verfestigung mit wachsender Tiefe deutlich größer wird.

2. Normalerweise ist die Geschwindigkeit in einer tiefer liegenden Schicht größer als in der überlagernden Schicht.

3. Die seismischen Geschwindigkeiten hängen in typischer Weise vom geologischen Alter der Schichten ab. Sie sind um so größer, je älter die Schichten sind. Dies gilt jedoch nicht in der Nähe der Erdoberfläche, da die Gesteine hier durch Druckentlastung bzw. Verwitterung stärkere Auflockerungen aufweisen und dementsprechend zu geringe Geschwindigkeiten besitzen.

2.3.2 Refraktionsseismik

Dieses Verfahren beruht auf der Auswertung von refraktierten Wellen, die an den Grenzflächen zweier Gesteinsschichten entlanglaufen und dabei ständig Energie nach oben abstrahlen. Voraussetzung für ihr Zustandekommen ist, daß die Wellen unter einem kritischen Winkel auf die Grenzfläche einfallen und daß die seismische Geschwindigkeit in der tiefer liegenden Schicht größer ist als in der überlagernden Schicht.

Das Prinzip der Refraktionsseismik wird in Bild 2.17 veranschaulicht. Das untere Diagramm beschreibt die Laufwege der refraktierten und direkten Wellen, im oberen Diagramm sind die sog. Laufzeitkurven dargestellt, in der die Beobachtungsdaten zusammengefaßt werden. Dabei wird auf der horizontalen Achse der Abstand Anregungspunkt - Beobachtungspunkt aufgetragen und auf der vertikalen Achse die Zeit, die die seismische Welle benötigt, um vom Anregungspunkt zum Beobachtungspunkt zu gelangen. Im Bild 2.18 wird der Ablauf von Feldmessung und DV-Auswertung anschaulich und schematisiert dargestellt.

An der Erdoberfläche registrieren die Geophone sowohl die refraktierte als auch die direkte Welle, die innerhalb der oberen Schicht entlangläuft. Da die refraktierte Welle sich mit der größeren Geschwindigkeit der unteren Schicht ausbreitet, wird ab einer bestimmten kritischen Entfernung X_c von der Anregungsquelle diese vor der direkten Welle registriert. Aus dieser Entfernung können die Tiefenlage der Grenzfläche und die Werte für die seismischen Geschwindigkeiten beider Schichten abgeleitet werden.

Die Erkundungstiefe der Untersuchung bestimmt die Wahl der Gesamtlänge der Geophonauslage und der Abstände zwischen den einzelnen Geophonen. In der Regel sollte die Länge der Geophonauslage mindestens das 5-fache der Erkundungstiefe betragen. Wenn die Erkundungstiefe gering ist, sollte der Geophonabstand bei ca. 1 bis 2 m liegen, für größere Erkundungstiefen werden 2 bis 5 m empfohlen.

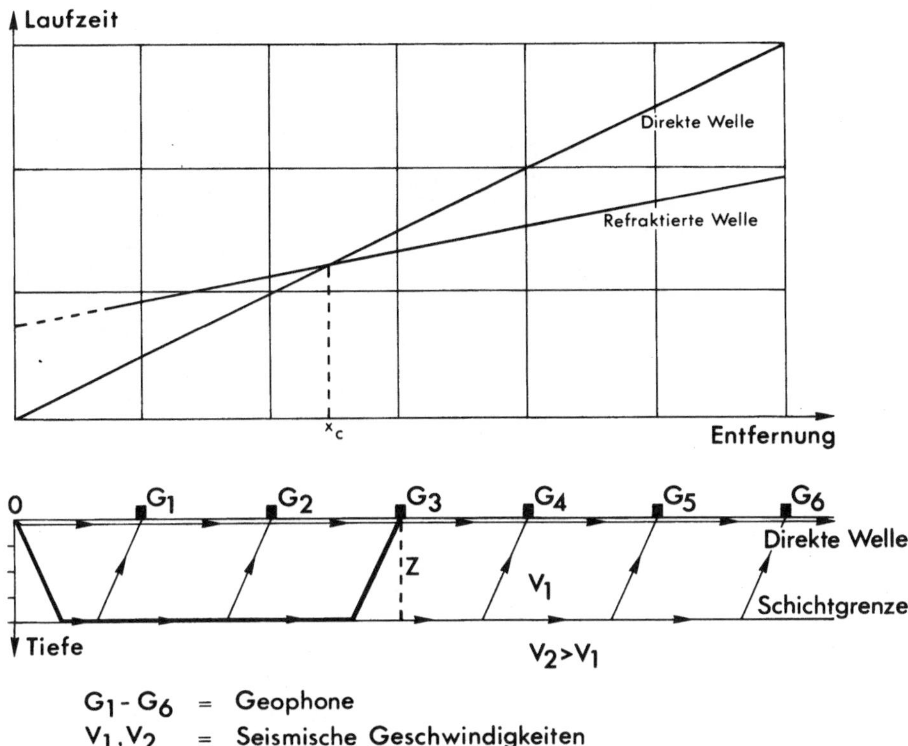

Bild 2.17. Meßprinzip des refraktionsseismischen Verfahrens

Von besonderer Bedeutung ist die Refraktionsseismik für die Untersuchung der Lagerungsverhältnisse in geringen Tiefen, da bei diesen Fragestellungen die Reflexionsseismik noch nicht angewendet werden kann (vgl. Abschn. 2.3.3).

Im Bild 2.18 ist die Messanordnung im Gelände mit Meßfahrzeugen, einschließlich des Seismogramms, als Meßergebnis dargestellt. In der Bildmitte folgt die Auswertung, die mit der DV-Konstruktion der Laufzeitkurven beginnt. Als Endergebnis wird hieraus das unten im Bild dargestellte Profil konstruiert, in dem seismische Geschwindigkeiten und Schichttiefen gegenüber gestellt werden.

Die Refraktionsseismik ermöglicht die Untersuchung des Untergrundes unter und im Umfeld von Altlasten. Sie wird u.a. eingesetzt zur Bestimmung der Mächtigkeit von Lockersedimenten oder von Verwitterungsdecken über Festgesteinen. Hierbei können detaillierte Bilder der Oberflächen wasserundurchlässiger Gesteine, über denen sich Grundwasservorkommen befinden, erarbeitet werden. Sollten sich in der grundwasserstauenden Schicht Rinnenstrukturen abzeichnen, so können daraus die Fließwege der Deponiesickerwässer oder Schadstoffahnen verfolgt werden.

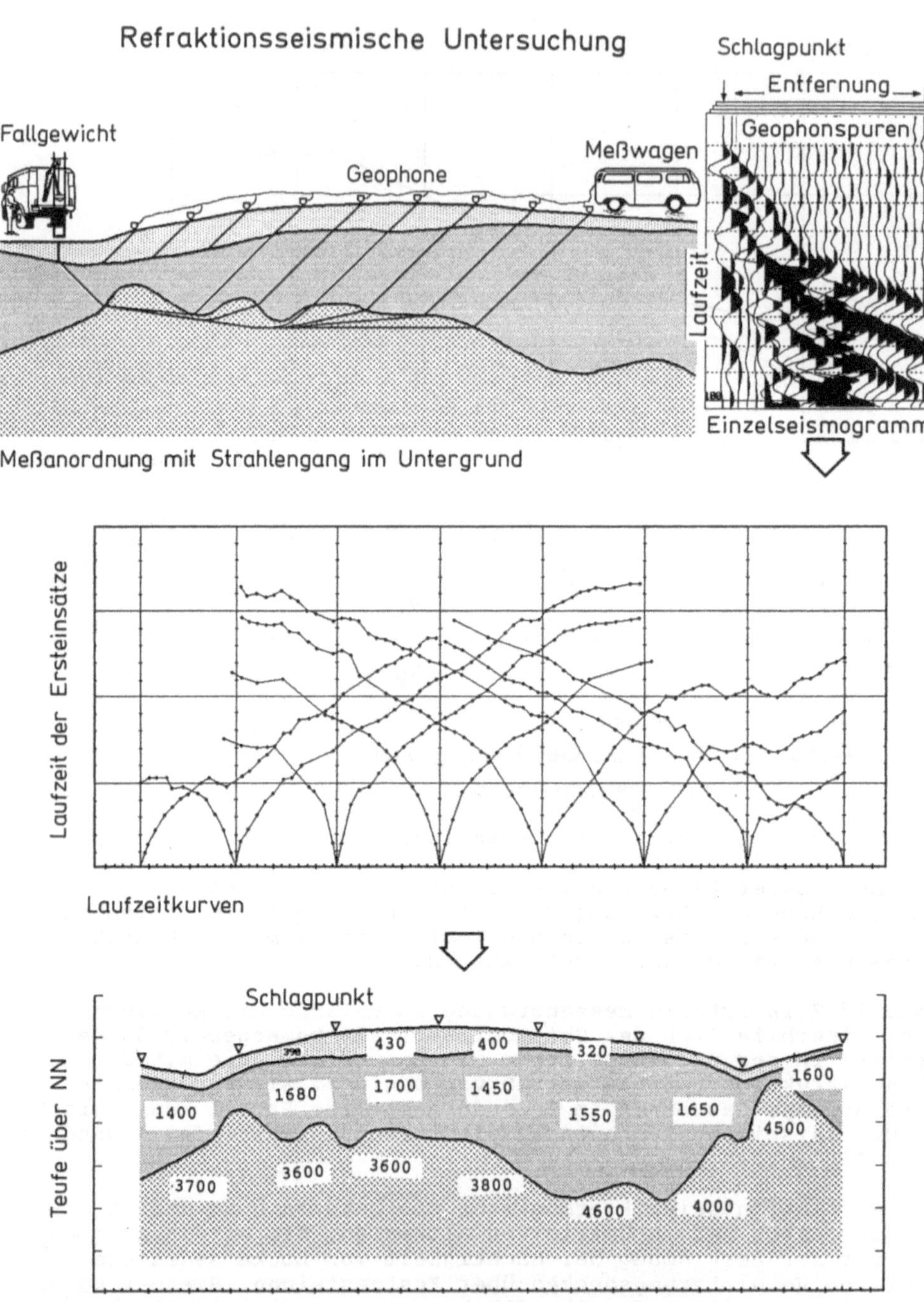

Bild 2.18. Schema der Refrakionsseismik (S. Grüneberg, 1992)

Weiterhin liefert die Refraktionsseismik Aussagen über Deponiemächtigkeiten und -abgrenzungen, falls genügend große Kontraste zwischen den Geschwindigkeiten der Deponie und des Nebengesteins bestehen. Dies ist z.B. der Fall, wenn im Liegenden einer Altlast Festgestein ansteht. Dagegen ist eine Unterscheidung Altlast - Lockergestein bzw. Verwitterungsdecke wegen ähnlicher seismischer Geschwindigkeiten oft nicht möglich.

2.3.3. Luftschallseismik

Die Erfassung dieses oberflächennahen Bereiches wird durch die stark variierenden Ausbreitungsbedingungen für seimische Wellen erschwert oder sogar verhindert, da die bisher verwendeten seismischen Quellen nur weitgehend konstante Signale anregen. Um die Seismik auch oberflächennah einsetzen zu können, wurde die luftschallseismische Kartierung entwickelt. Ihre Signale können in einem weiten Bereich variiert und somit den Übertragungseigenschaften des Erdbodens besser angepaßt werden.

In der Luftschallseismik werden elektronisch Signale unterschiedlichster Form mit Frequenzen zwischen 50 und 100 Hz erzeugt. Als seismische Quelle dient ein starker Lautsprecher, der auf die Erde gestülpt wird und die Schallwellen nach unten abstrahlt. Die seismischen Signale werden, wie gewöhnlich, von einem Geophon aufgenommen.

Die Lautsprecherquelle läßt sich leicht transportieren, so daß die seismischen Messungen in Form einer Kartierung mit konstantem Abstand zwischen Quelle und Empfänger ausgeführt werden können (Bild 2.19.). Wie in der allgemeinen Refraktionsseismik kann aus den Laufzeitveränderungen auf Tiefenveränderungen einer Schichtgrenze oder auf das Vorhandensein größerer Fremdkörper im Boden geschlossen werden.

2.3.4 Reflexionsseismik

In der Reflexionsseismik werden von einer seismischen Quelle an der Erdoberfläche abgestrahlte, seismische Wellen an Diskontinuitäten im Untergrund, d.h. an Flächen, wo Änderungen der seismischen Impedanz auftreten, reflektiert. Unter der seismischen Impedanz I versteht man das Produkt aus der Dichte ρ des betreffenden Materials und der Geschwindigkeit v einer sich darin ausbreitenden seismischen Welle:

$$I = \rho \cdot v.$$

Die reflektierten Wellen werden beim Wiederauftreffen auf die Erdoberfläche, entlang einer Profillinie, von Geophonen registriert. Aus den empfangenen Signalen werden mittels graphischen Auswerteverfahren oder DV-Programmen Laufzeiten abgeleitet. Für die Angabe von Tiefen der Reflexionshorizonte müssen die seismischen Geschwindigkeiten der Schichten bekannt sein. Im Gegensatz zur Refraktionsseismik treten Reflexionen auch dann auf, wenn an einer Schichtgrenze die Geschwindigkeit zum Liegenden abnimmt (Bild 2.20).

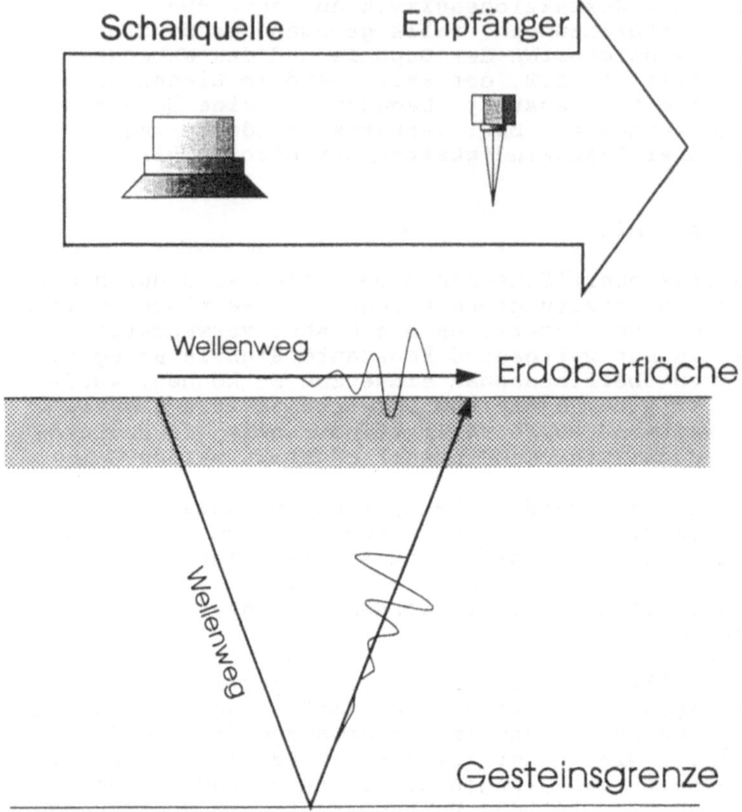

Bild 2.19. Meßprinzip der Luftschallseismik (Tekoni Innovationen GmbH)

Von Vorteil sind die kürzeren Geophonauslagen, d.h. die Geophone befinden sich bei der Reflexionsseismik näher an der Signalquelle, so daß bei gleicher Auslagelänge eine größere Erkundungstiefe als in der Refraktion erreicht werden kann.

Die Reflexionsseismik wurde bisher vorrangig in der Erdöl- und Erdgasprospektion zur Erkundung des tieferen geologischen Untergrundes von ca. 100 m bis >3000 m eingesetzt. Die dabei entwickelte Meß- und Auswertetechnik ist auf große Tiefen ausgerichtet und weit fortgeschritten.

Im Bild 2.21 ist die Meßanordnung im Gelände mit Meßfahrzeugen einschließlich eines Einzelseismogramms, als Meßergebnis dargestellt. In der Bildmitte folgt das Ergebnis der Filterung, Stapelung und anderer Auswerteschritte als seismisches Profil. Das Endergebnis ist das unten im Bild gezeigte Profil, in dem Reflexionshorizonte, meist geologische Schichtgrenzen, entsprechend ihrer Laufzeiten tiefenmäßig so eingeordnet werden, daß ein geologisch plausibles Stukturbild entsteht.

Die Anwendung der Reflexionsseismik auf oberflächennahe Altlasten befindet sich dagegen noch in der Entwicklung. Die besondere Schwierigkeit besteht darin, daß Reflexionssignale aus geringen Tiefen so schnell zur Erdoberfläche zurückkommen, daß die Oberflächenwelle mit ihren sehr großen Amplituden noch nicht weit genug abgeklungen ist, um Reflexionssignale erkennen zu lassen.

Um auch die Reflexionen aus Tiefen >50 m sichtbar zu machen, sind seismische Empfänger mit extrem hohen "Sampling-Raten" und hochfrequente Anregungsverfahren erforderlich. Seit Kurzem sind derartige seismische Empfänger verfügbar, welche die Reflexionsseismik auch in geringen Tiefen erlauben. Darüber sollte indessen nicht vergessen werden, daß die herkömmliche, auf die Tiefe ausgerichtete Reflexionsseismik, auch an Altlasten gute Ergebnisse geliefert hat, insbesondere bei der Erkundung des geologischen Schichtaufbaues und der tektonischen Strukturen im tieferen Untergrund.

Reflexionsseismische Messungen werden meist digital auf Magnetbändern gestapelt und ihre Auswertung erfordert die Bearbeitung immenser Datenmengen in folgenden Routineschritten:

1. Editieren (Kontrolle der Felddaten)
2. Demultiplexen (Zeilenordnung → Spaltenordnung)
3. Amplitudenkorrektur (→ Gemeinsames Niveau)
4. Statische Korrektur (Topographie, Deckschichten)
5. CDP-Sortierung (Bezug zum gemeinsamen Zentrum)
6. Stapeln (Addition von Einzelseismogrammen)
7. Dekonvolution (Ausschaltung von Mehrfachreflexionen)
8. Bandpassfilterung (Eliminierung von Störsignalen)

Hieran schließt sich die Interpretation der ausgewerteten Daten an. Dabei sind für die digitale Bearbeitung der sehr großen Datenmengen entsprechend dimensionierte und schnell arbeitende Komputer erforderlich. Das Ziel ist, aus einer großen Anzahl von anscheinend ungeordneten Schwingungen diejenigen herauszuarbeiten, die Reflexionen an Schichtflächen darstellen. Aus der Vielzahl der möglichen Verfahren soll nur die Migration, die in der Berechnung eines theoretischen seismischen Wellenfeldes zur Zeit der Anregung besteht, erwähnt werden.

Die Reflexionsseismik ist eine teurere Methode der angewandten Geophysik, denn die beschriebenen Auswertungs- und Interpretationsarbeiten kosten viel Geld, das zusätzlich zum hohen Aufwand für die Geländemessungen ausgegeben werden muß.

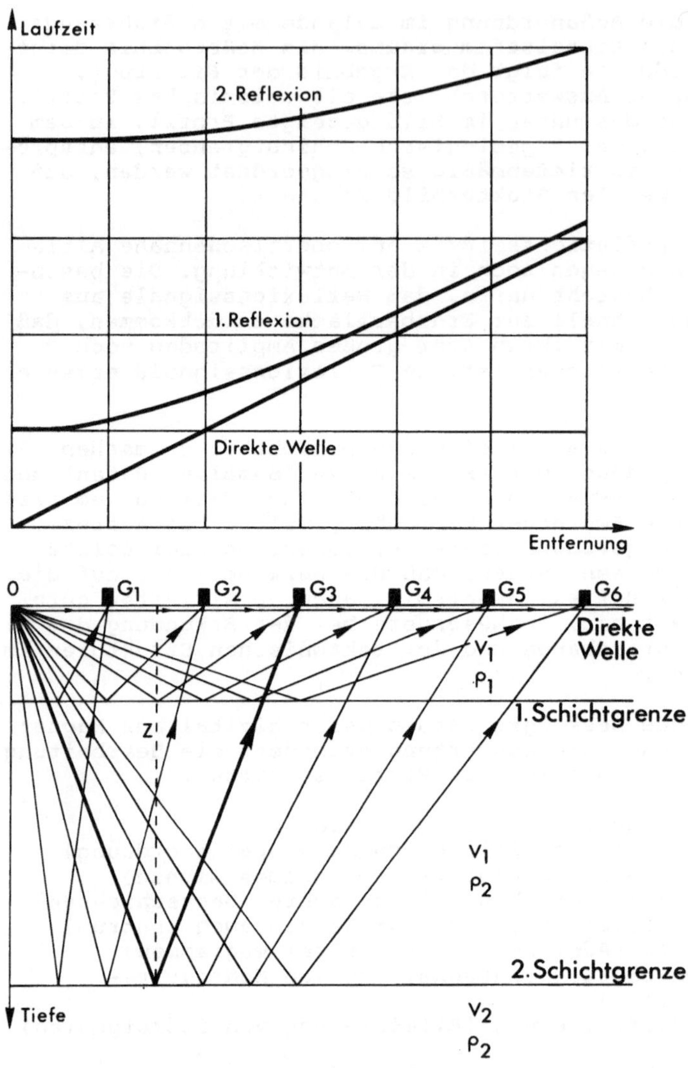

G_1-G_6 = Geophone
v_1, v_2 = Seismische Geschwindigkeiten
ρ_1, ρ_2 = Dichten

Bild 2.20. Meßprinzip des reflexionsseismischen Verfahrens

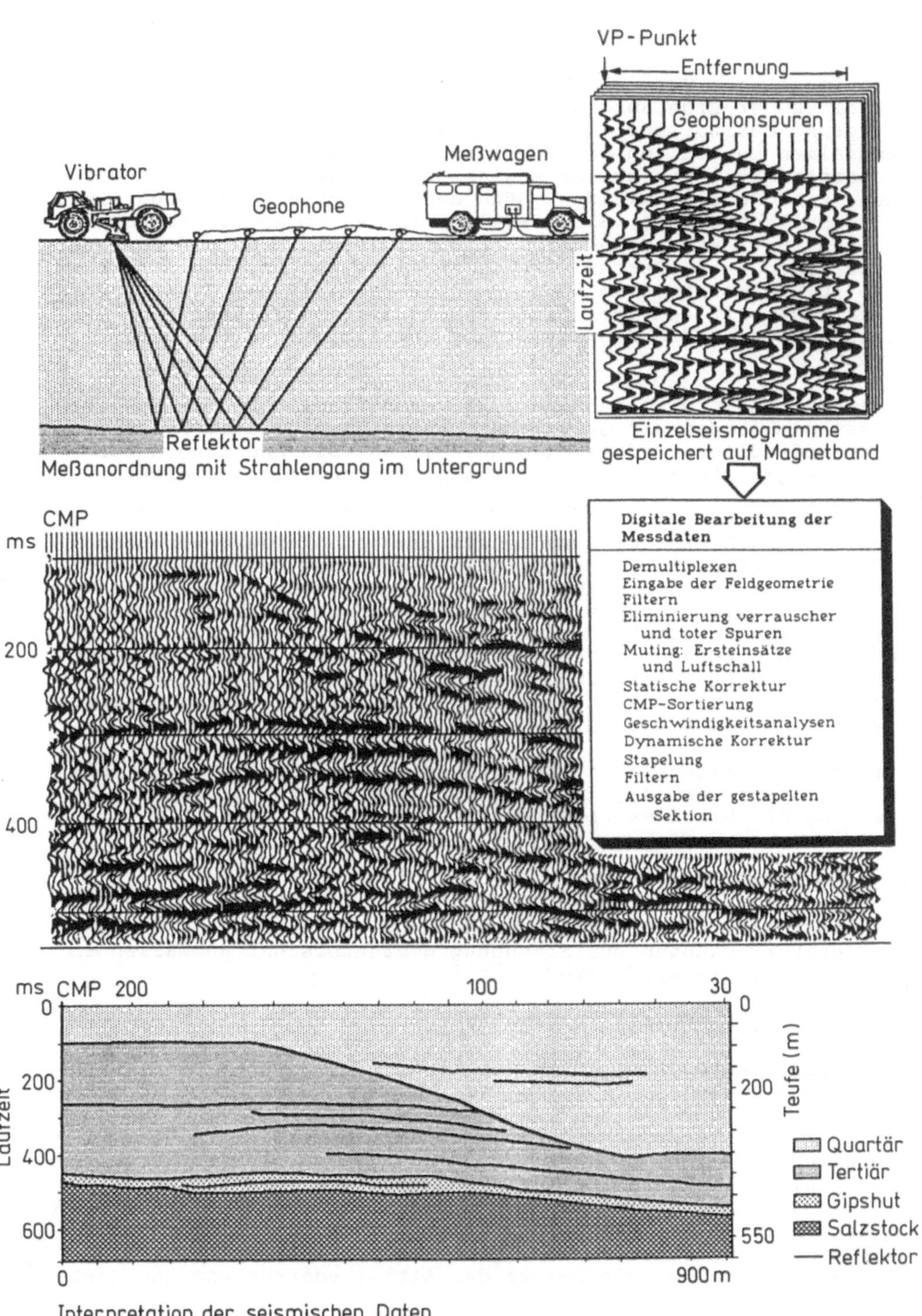

Bild 2.21. Schema der Reflexionsseismik (S. Grüneberg, 1992)

2.4 Gravimetrie

Gravimetrische Vermessungen nutzen die Veränderungen des Schwerefeldes der Erde aufgrund von Dichteinhomogenitäten im Untergrund befindlicher Strukturen aus. Zur Erfassung von Dichteanomalien müssen von den registrierten relativen Schwerewerten bekannte orts- und zeitabhängige Referenzwerte abgezogen werden, z.B. Gezeitenwirkung, Höhe des Meßpunktes zum Bezugsniveau (Freiluftkorrektur), Geländerelief in der Umgebung (topographische Korrektur), Gesteinsschicht zwischen Meß- und Bezugsniveau (Bouguer-Korrektur), sowie bekannte geologische Strukturen. Diese Korrekturen können größer sein als die Schwereanomalien einer Altlast. Bei einer fehlerhaften Korrektur kann es geschehen, daß die Schwerewirkung der Altlast völlig unterdrückt wird.

Das Meßprinzip wird in Bild 2.22 veranschaulicht. Die Schweremessungen werden mit Gravimetern ausgeführt, die im Prinzip hochempfindliche Federwaagen darstellen. Die Änderungen der Federlängen stehen in direktem Zusammenhang mit Schwereänderungen.

Anwendungsgebiete der Gravimetrie bei der Altlastenerkundung sind die Erfassung der randlichen Begrenzung der Deponie und die Abschätzung der Dichte des Deponiekörpers. Voraussetzungen für ausreichend sichere gravimetrische Ergebnisse sind genügend große Dichteunterschiede des Deponiekörpers gegen das Nebengestein und eine ausreichende Mächtigkeit. Auch für den Nachweis von untertägigen Hohlräumen kann die Gravimetrie, allerdings nur in Form von sehr engmaschigen Schwerekartierungen, erfolgreich eingesetzt werden.

Die gravimetrischen Schweremessungen sind insgesamt sehr aufwendig und teuer. Z.B. müssen wegen des starken Einflusses der Meßhöhe die Gravimeterpunkte exakt nivelliert werden.

2.5 Geothermik

Die geothermische Oberflächenerkundung umfaßt oberflächennahe Temperaturmessungen zur Erkundung geothermischer Anomalien im Untergrund. Sie wird unterteilt in

- Infrarot(IR)-Oberflächenerkundung und

- Temperaturmessungen in Flachbohrungen (Dezimeter bis wenige Meter Tiefe).

Bei der IR-Erkundung wird die Erdbodentemperatur als Strahlungstemperatur berührungslos mit Infrarotdetektoren aufgenommen, welche in Thermalscannern und Wärmebildkameras, meist vom Flugzeug aus, angewendet werden. Diese Methode ist wegen ihrer hohen Kosten, ihrer Anfälligkeit gegenüber den Witterungsverhältnissen und ihrer schwierigen Interpretierbarkeit nur in Ausnahmefällen für die Zwecke der Altlastenerkundung geeignet.

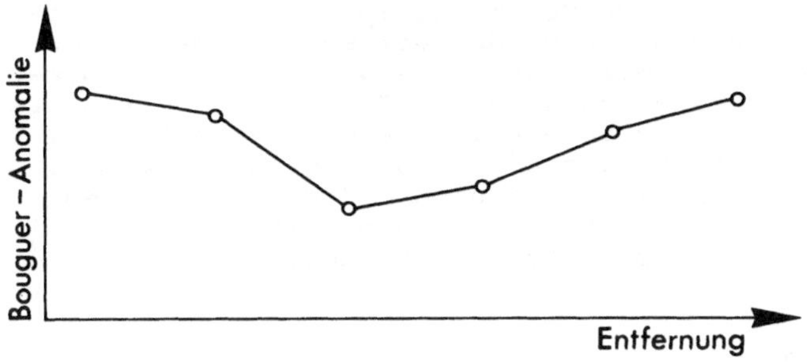

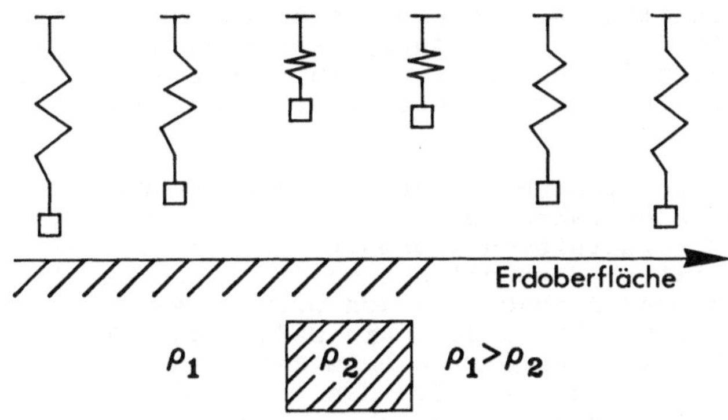

Bild 2.22. Meßprinzip einer gravimetrischen Vermessung

Obwohl im Inneren einiger Altlasten eine gegenüber der Umgebung stark erhöhte Temperatur gemessen wurde, die auf mikrobielle Abbauvorgänge zurückging, zeichnete sich an der Erdoberfläche kein besonderer Temperaturanstieg ab. Der Grund lag in der stärkeren Beeinflussung der Wärmestromdichte an der Deponieoberfläche durch Sonneneinstrahlung, Verdunstung oder andere Wettereinflüsse.

Die Temperaturmessungen in Flachbohrungen werden mit Widerstandsthermometern durchgeführt, die mit speziellen Ramm- oder Nadelsonden, in deren Spitze sie eingelassen sind, in den Boden eingebracht werden. Die Wärmeübertragung erfolgt durch Wärmeleitung. Bei den Messungen ist sicherzustellen, daß die durch das Bohren bedingte Temperaturstörung abgeklungen ist. Dies geschieht in der Regel erst nach der zehnfachen Bohrzeit. Die Messungen sollten ausschließlich von 4 bis 6 Uhr nachts erfolgen, um den Einfluß der Sonnenstrahlung zu eliminieren.

Weiterhin müssen z.B. Einflüsse der Topographie, der Vegetation, von Vernässungszonen u.ä. vermieden werden. Bei Meßtiefen bis 0,5 m muß die dort noch wirkende Tagesvariation der Temperatur über periodische Messungen an einem Basispunkt korrigiert werden. Die Messungen sollten in einem regelmäßigen Meßraster mit Meßpunktabständen von wenigen Metern durchgeführt werden. Mit Temperaturmessungen in Flachbohrungen > 3 m tief, können ggf. Sickerwege in Altlasten erkundet werden, die sich durch leicht erhöhte Grundwassertemperaturen verraten.

2.6 Bohrlochgeophysik

Allgemeines

Durch geophysikalische Messungen im Bohrloch werden die physikalischen Eigenschaften des Gesteins, des Grundwassers oder des Materials in der unmittelbaren Umgebung des Bohrlochs bestimmt. Ihre Kenntnis ist erforderlich, um geophysikalische Messungen, die an der Erdoberfläche durchgeführt wurden, richtig zu interpretieren. Außerdem liefern sie Hinweise über Grund- und Sickerwässer.

In diesem Abschnitt wird eine Übersicht über die am häufigsten angewendeten Bohrlochmeßverfahren gegeben. Eine den jeweiligen Fragestellungen und Erfordernissen angepaßte Auswahl von Verfahren sollte grundsätzlich durchgeführt werden, wenn Bohrlöcher zur Erschließung oder Beobachtung von Grundwasser sowie für Aufschlüsse niedergebracht werden. Die Meßwertaufzeichnung erfolgt in allen Fällen kontinuierlich beim Befahren mit der entsprechenden Sonde. In Bild 2.23 wird das Prinzip der Bohrlochmeßverfahren graphisch veranschaulicht.

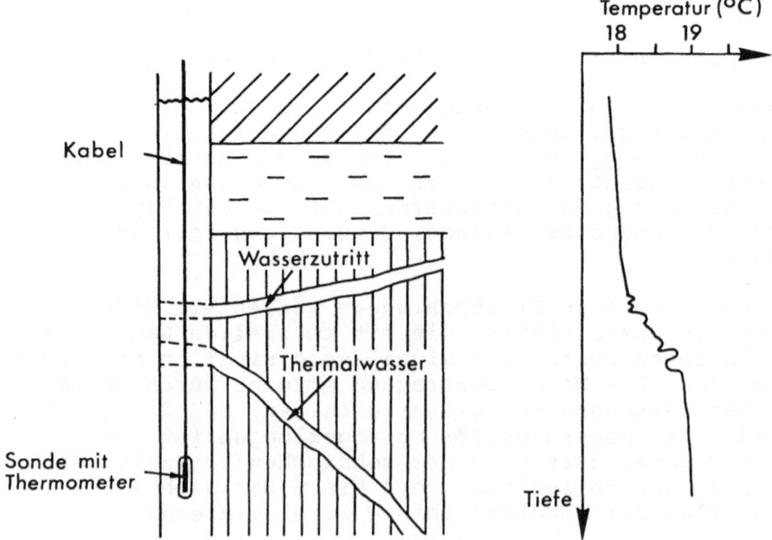

Bild 2.23. Beispiel einer Temperaturmessung im Bohrloch

Drei Übersichtstabellen nach [20] dienen zur Orientierung bei der Auswahl der Verfahren:

Tabelle 2.4 zeigt die Einsatzmöglichkeiten der Verfahren in offenen und verrohrten Bohrlöchern in Locker- und Festgesteinen.

Tabelle 2.5 führt die für jedes Verfahren unmittelbare und korrigierte Meßgröße und das Untersuchungsziel auf.

Tabelle 2.6 gliedert die Verfahren nach Zielbereichen.

Gammastrahlenmessung

Die mit der Gammasonde gemessene natürliche Gammastrahlung rührt vom Isotop ^{40}Kalium und von den Isotopen der Uran- und Thorium-Reihen her. Die Gammastrahlenmessung gestattet, Ton- und Sandschichten zu unterscheiden und bei mehr oder weniger tonigen Sedimenten den Tongehalt abzuschätzen. Sie kann auch zur Kontrolle eingebrachter Tonsperren herangezogen werden.

Tabelle 2.4. Die wichtigsten Bohrlochmeßverfahren und deren Anwendungsmöglichkeiten (nach [20])

Gamma Ray (GR)	Neutron (N) **)	Sonic Log (SONIC)	Elektriklog (EL)	Eigenpotential (EP)	Fokuss. Elektriklog, Laterolog (FEL,LL)	Induktionsverfahren (IES)	Mikrolaterolog, Mikrolog (MLL,ML)	Salinometer (SAL)	Temperatur (TEMP)	Kaliber (CAL)	Flowmeter (FLOW)		Bohrlochmeßverfahren
+	+	–	–	–	–	+	–	–	–	+	–		Trockenes Loch
+	+	*2	+	*4	+	+	+	+	+	+	–	im Lockergestein	Unverrohrtes (offenes) Loch mit Spülung oder Wasser gefüllt
+	+	+	+	*4	+	+	+	+	+	+	*7	im Festgestein	
*1	*1	–	–	–	–	–	–	+	+	+	*7	im Lockergestein	Stahlverrohrtes oder -verfiltertes Loch mit Spülung oder Wasser gefüllt
*1	*1	–	–	–	–	–	–	*5	*5	+	*6 *7	im Festgestein	
*1	*1	–	*3	–	*5	+	–	+	+	+	*7	im Lockergestein	Kunststoffverrohrtes oder -verfiltertes bzw. mit nicht metallischem Material ausgebautes Loch mit Spülung oder Wasser gefüllt
*1	*1	–	*3	–	*5	+	–	+	+	+	*7	im Festgestein	

**) Nur in Ausnahmefällen anzuwenden
\+ Messung ohne Einschränkung möglich
– Messung nicht möglich bzw. nicht sinnvoll
* Messung mit Einschränkung möglich

*1) Unerwünschte Dämpfung durch Verrohrung, Ausbau und große Bohrlochdurchmesser, Kontrolle von Tonsperren möglich.
*2) Nur für qualitative Korrelationszwecke, keine verläßliche

Umrechnung in Porositätswerte.
*3) In den Filterstrecken ist die Aufnahme eines Widerstandsprofils, jedoch keine Bestimmung quantitativ auswertbarer Widerstandswerte möglich.
*4) Voraussetzung für die quantitative Auswertung ist eine Ton-Sand-Wechsellagerung; häufig Störungen durch nicht identifizierbare Basissprünge. In wassergefüllten Festgesteinsbohrungen meist keine deutbare EP-Kurve.
*5) Wie *2), außerdem u.U. geeignet zur Kontrolle auf undichte Rohrverbindungen und Leckstellen.
*6) Zweifelhaft bei hilfsweise eingebauten "geschlitzten" Rohren: u.U. starke Teufen- bzw. Mengenverfälschung.
*7) Mindestpumpraten (minimaler Förderstrom) sind zu beachten!

Die natürliche Gammastrahlung wird mit einem Szintillationszähler gemessen. Gammastrahlen-Logs können auch in trockenen und verrohrten Bohrlöchern erfolgen.

Die Schichtauflösung ist von der Fahrgeschwindigkeit und der Zählrate abhängig, die meist so aufeinander abgestimmt werden, daß eine Auflösung von 30 bis 50 cm erreicht wird. Üblich sind 5 m pro Minute für Gammalogs.

Neutronenmessung

Schnelle Neutronen werden von einer Neutronenquelle (meist Americium-Beryllium oder Plutonium-Beryllium) im Bohrloch kontinuierlich ausgesandt und regen das umgebende Material zu einer Strahlung an. Diese wird gemessen und erlaubt Rückschlüsse auf Gesteinsfluide und Porositäten.

Diese Messung wird wegen der stark strahlenden Quelle und den damit verbundenen Sicherheitsvorschriften nur selten durchgeführt.

Messung der Schallgeschwindigkeit

Mit dem Sonic Log (Akustiklog) wird die Laufzeit des Schalls (Longitudinalwelle) aufgezeichnet. Die Anregung erfolgt über eine Schallquelle in der Sonde. Die Fortpflanzungsgeschwindigkeit des Schalls in Sedimentgesteinen, und damit die gemessene Laufzeit, hängt von der Lithologie und von der Porosität ab.

Die Ergebnisse sind wichtig für die Kalibration refraktions- und reflexionsseismischer Messungen an der Erdoberfläche sowie für die Bestimmung der Porosität.

Elektriklog

Dieses Verfahren dient der Messung des Gesteinswiderstandes. Die gemessenen Widerstände sind scheinbare Widerstände (Mischwiderstände), weil die Messungen stets in einem mit Spülung oder Wasser gefüllten Bohrloch stattfinden.

Tabelle 2.5. Wirkungsweise der Bohrlochmeßverfahren (nach [20]); Abkürzung der Verfahren siehe Tabelle 2.4

Kurzbezeichnung	Unmittelbare Meßgröße	Korrigierte Meßgröße	Untersuchungsziel
GR	Impulsrate der einfallenden natürlichen Gammastrahlung	Natürliche Radioaktivität der Gesteinsschichten	Gebirgsaufbau insbesondere Tongehalte
N *)	Impulsrate der aufgrund künstl. Neutronenbeschusses einfallenden Sekundärgamma- bzw. thermischen Neutronenstrahlung (NG bzw. NN)	Porosität	Porosität
SONIC	Laufzeit von seismischen Wellen zwischen Geber und Empfänger der Sonde	Geschwindigkeit seismischer Wellen im Gestein	Porosität Kluftigkeit
EL	Scheinbarer spezifischer Widerstand	Wahrer spezifischer Gesteinswiderstand	Gebirgsaufbau Wasserführung
EP	Potentialdifferenz zwischen Bohrlochelektrode und Erdoberfläche	Potentialdifferenz zwischen Sanden und Tonen	Gebirgsaufbau Wasserführung
FEL,LL	Scheinbarer spezifischer Widerstand	Wahrer spezifischer Gesteinswiderstand	Gebirgsaufbau Wasserführung
IES	Scheinbare spezifische Leitfähigkeit	Wahre spezifische Gesteinsleitfähigkeit, wahrer spezifischer Gesteinswiderstand	Gebirgsaufbau Wasserführung
ML,MLL	Scheinbarer spezifischer Widerstand	Wahrer spezifischer Widerstand im Bohrlochwandbereich	Auflösung von Feinschichtungen
SAL	Spezifischer Widerstand der Bohrlochflüssigkeit		Lösungsinhalt (Versalzung) der Bohrlochflüssigkeit
TEMP	Temperatur der Bohrlochflüssigkeit		Geothermischer Gradient
CAL	Bohrlochdurchmesser		Korrekturgröße für andere Verfahren
FLOW	Drehzahl eines Meßflügels (Impellers)	Vertikale Fließgeschwindigkeit im Bohrloch	Ermittlung von Wasserzutritten und -abflüssen

*) Nur in Ausnahmefällen anzuwenden

Tabelle 2.6. Gliederung der Bohrlochmeßverfahren nach Zielbereichen (nach [20]); Abkürzung der Verfahren siehe Tabelle 2.4

Methoden in nicht ausgebauten Versuchs- und Aufschlußbohrungen				Methoden zur Kontrolle von Ausbauten und zur Feststellung von Betriebsdaten		
Lockergestein		Festgestein		Locker- und Festgestein		
Gebirgsaufbau	Wasserqualität	Gebirgsaufbau Klüftigkeit Grundwasser zuflüsse	Wasserqualität	Ausbau	Grundwasserzuflüsse	Wasserqualität
GR N *) SONIC EL FEL IES	EL EP FEL IES	SONIC EL FEL IES ML/MLL SAL TEMP CAL FLOW	SAL TEMP	GR EL FEL CAL	FEL SAL TEMP FLOW	SAL TEMP

*) Nur in Ausnahmefällen anzuwenden

Standardmäßig wird beim Elektriklog mit zwei verschiedenen Elektrodenentfernungen gemessen:

- Die 40 cm-Normale hat eine geringe seitliche Erfassungstiefe und besitzt dafür eine gute Schichtauflösung bis etwa 0,5 m Mächtigkeit.

- Die 160 cm-Normale hat eine größere seitliche Aufschlußtiefe. Die Schichtauflösung ist jedoch merklich geringer als bei der 40 cm-Normalen und erreicht nur etwa 2 m.

Eigenpotentialmessung

Das Eigenpotential besteht aus elektrochemischen und kinetischen Potentialen (vgl. Abschn. 2.2.1).

Grundsätzlich gilt, daß eine Anzeige der Kurve zum Positiven auf ein Ansteigen der Porenwassersalinität, also auf salzigeres Wasser, eine Anzeige zum Negativen auf süßeres Wasser hindeutet, wenn sich der Tongehalt gleichzeitig nicht oder nur unwesentlich ändert.

Aus der EP-Kurve sind außerdem Rückschlüsse auf den Tongehalt der Schichten und deren Wasserdurchlässigkeit möglich, vor allem in Kombination mit Elektrik-, Gammastrahlen- und IP-Logs.

Voraussetzung für eine quantitative Interpretation der EP-Kurve ist eine deutliche Ton-Sand-Wechsellagerung und ein merklicher Salinitätsunterschied zwischen Spülungsfiltrat und Porenwasser.

Fokussiertes Elektriklog, Laterolog

Diese Widerstandsmessungen in fokussierter, gerichteter Anordnung unterscheiden sich von den Elektriklogs (Abschn. 2.6.5) dadurch, daß das von einer einzelnen Bohrlochelektrode ausgehende Stromfeld fokussiert wird. Auf diese Weise erhöht sich die vertikale Auflösung und die seitliche Aufschlußtiefe.

Bei einer fokussierten Sonde mit einer Meßelektrodenlänge von 10 cm und einer Gesamtlänge von etwa 2 m bei 35 mm Durchmesser beträgt die maximale Schichtauflösung etwa 20 cm, die seitliche Aufschlußtiefe entspricht der einer 160 cm-Normalen.

Fokussierte Elektriklogs sind auch für die Kluftdetektion in Festgesteinen geeignet. Allerdings lassen sich nicht so hohe Widerstände messen wie bei der 40 cm- und 160 cm-Anordnung.

Induktionsmessung

Induktionsmessungen im Bohrloch zur Bestimmung der elektrischen Leitfähigkeit erfolgen nach dem Prinzip der elektromagnetischen Kartierungen (Abschnitt 2.2.2). Von einer auf der Meßsonde angebrachten Sendespule werden elektromagnetische Wellen, meist mit einer Frequenz um 20 KHz, in das umgebende Material abgestrahlt. Je nach Leitfähigkeit des Materials bilden sich in diesem Wirbelströme aus, deren magnetische Felder in einer Empfangsspule, die auch auf der Meßsonde angebracht ist, Spannungen induzieren. Daraus ergibt sich die elektrische Leitfähigkeit des Materials.

Die Induktionssonde ist speziell für lufterfüllte Bohrungen oder Bohrungen mit schlecht leitender Spülung (z.B. Ölspülung), bei denen die anderen elektrischen Bohrlochverfahren nicht anwendbar sind, entwickelt worden. Sie eignet sich nicht für Material mit geringer Leitfähigkeit ($\leq 10^{-2}$ S/m).

Salinometermessung

Die Salinometersonde mißt den spezifischen Widerstand der Bohrflüssigkeit. Sie hat kleine Elektrodenabstände. Die Elektrodenanordnung ist in einem innen isolierten metallischen Rohr angebracht, durch das die Bohrlochflüssigkeit hindurchströmen kann. Dadurch können die Gesteinswiderstände die Messung nicht beeinflussen.

Salinometermessungen dienen hauptsächlich für Korrekturen zur Ermittlung des wahren spezifischen Gesteinswiderstandes aus dem Elektriklog oder dem Fokussierten Elektriklog. In ausgebauten Grundwassermeßstellen oder Festgesteinsbohrungen können u.U. auch Wasserzuflüsse oder -abflüsse erkannt werden.

Temperaturmessung

Es wird ein elektrisches Widerstandsthermometer verwendet, das die Temperatur im Bohrloch fortlaufend in Abhängigkeit von der Tiefe registriert. Soll die Temperatur in möglichst ungestörten Verhältnissen gemessen werden, müssen die durch den Bohrvorgang hervorgerufenen Temperaturstörungen abgeklungen sein.

Wegen des Jahrestemperaturganges kann der natürliche Temperaturanstieg mit der Tiefe (geothermischer Gradient: im Mittel 3 °C je 100 m) erst ab ca. 20 m Tiefe beobachtet werden. Abweichungen vom normalen Temperaturverlauf können auf vertikale Wasserbewegungen im Bohrloch oder im umgebenden Gestein hindeuten. An Wasserein- und Austrittsstellen zeigt die Temperaturkurve häufig mehr oder weniger scharfe Unstetigkeiten (Knicke). Speziell bei Altablagerungen ergeben sich Hinweise auf chemische Zersetzungsprozesse oder biologische Abbauprozesse, die häufig unter Wärmeentwicklung ablaufen.

Flowmetermessung

Mit Hilfe des Flowmeters (Durchflußmessers) kann geprüft werden, aus welchen der durchteuften Schichten einer Bohrung Grundwasser zuströmt. Das Flowmeter wird während des Pumpens mit konstanter Geschwindigkeit in die Bohrung eingefahren, wobei fortlaufend die vertikale Fließgeschwindigkeit des Wassers im Bohrloch registriert wird.

Wenn das Flowmeter an einer Wasseraustrittsstelle vorbei abwärts fährt, geht die Umdrehungszahl des Meßflügels zurück, weil die zusätzlich zufließende Wassermenge unterhalb der Austrittsstelle fehlt.

Aus der um die Fahrgeschwindigkeit reduzierten Flowmeter-Anzeige ergibt sich der Anteil jeder einzelnen fördernden Schicht an der Gesamtförderung. Hierbei kann es sich, vor allem bei Festgesteinsbohrungen und Kluftwasserleitern, auch um eine "negative" Förderung, d.h. einen Abfluß aus der Bohrung ins Gebirge, handeln.

Im unverrohrten Bohrloch im Festgestein muß zusätzlich ein Kaliber-Log gefahren werden, da sonst das Flowmeterdiagramm nicht interpretierbar ist.

Wichtige Voraussetzungen für eine erfolgreiche Anwendung der Flowmetermessung sind nicht zu große und möglichst konstante Bohrlochdurchmesser sowie nicht zu kleine Strömungsgeschwindigkeiten.

Kalibermessung

Die kontinuierliche Aufzeichnung des Bohrlochdurchmessers gibt Auskunft über Auskesselungen, die auf Lockermaterial oder Nachfallzonen in klüftigem Festgestein hindeuten, und Bohrlochverengungen. Letztere beobachtet man an quellenden Tonen.

Üblicherweise benutzt man Kalibergeräte mit vier Federarmen, die je nach Durchmesser der Bohrung eine entsprechende Spreizung erfahren. Kaliber-Logs sollten bei Zementations- und Verfüllungsarbeiten, sowie beim Absetzen von Verrohrungen vorgenommen werden. Ferner dienen sie zu Korrekturzwecken bei der Auswertung anderer Bohrlochmessungen.

2.6.3 Rammsondierungen

Diese unterscheiden sich von Bohrungen, in denen das Gestänge meist gedreht wird, durch das Einschlagen oder Einpressen von stählernen Bohrstöcken in den Boden, wobei keine Rotation erfolgt. Außerdem haben Bohrstöcke einen geringeren Durchmesser als das Gestänge von Bohrungen. Rammsondierungen können nicht in Festgesteinen, sondern nur in fein- bis mittelkörnigen Lockergesteinen, wie Tonen und Sanden, eingesetzt werden; ihre maximale Eindringtiefe ist i.A. < 10 m.

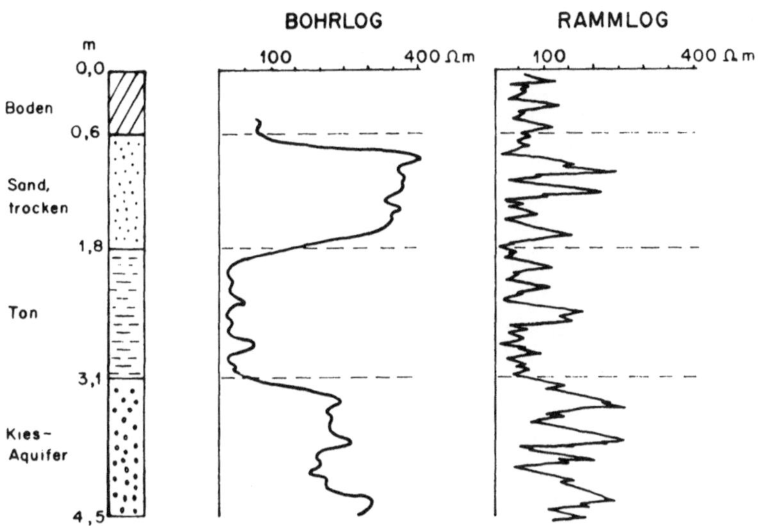

Bild 2.24. Gegenüberstellung eines Bohrlogs und eines Rammlogs des elektrischen Widerstandes, Meßanordnung: Kleine Normale.

Die Ramm-Bohrstöcke sind meist mit einer tiefen Nut versehen, in welcher das durchstoßene Lockergestein zu Tage, d.h. zur Beprobung, gefördert wird (Rammkernsondierung). Häufig wird nur der Druck auf die Spitze des Bohrstockes fortlaufend gemessen, um ein Maß für die Härte des durchsunkenen Gesteins zu bekommen (Rammsondierungen).

Es werden auch geophysikalische Messungen in den Sondierungslöchern vorgenommen, meistens beim Einpressen eines zweiten, noch dünneren Meßgestänges. Im Beispiel des Bildes 2.24 unterscheidet sich jedoch das Widerstands-Log einer Rammsondierung erheblich vom Widerstands-Bohrlog, das an derselben Stelle mit der gleichen Meßanordnung aufgenommen wurde.

Die beiden Logs in Bild 2.24 geben die Veränderungen des elektrischen Widerstandes von der Erdoberfläche bis zu 4,5 m Tiefe wieder. Die Widerstandsunterschiede zwischen Schluff (toniger Sand), Ton und wassererfülltem Kies, die in der Größenordnung von 350 Ωm liegen, treten nur im Bohrlog so deutlich heraus, daß sich die Tiefen der Schichtgrenzen bestimmen lassen.

Im Rammlog, das an derselben Stelle gemessen wurde, finden sich viel mehr Einzelanomalien, die nur eine ungenaue Unterscheidung zwischen Schluff und Ton und nur die ungefähre Ermittlung von Schichttiefen zulassen.

2.7 Radiometrie

Chemische Elemente, die mehr als 84 Protonen besitzen (Ordnungszahl Z >84), werden Radionuklide genannt. Ihre instabilen Atomkerne können spontan zerfallen und senden dabei eine radioaktive Strahlung aus. Bei diesem Vorgang ändert sich der Protonenanteil des Atomkerns, d.h. es entsteht ein anderes chemisches Element. Außerdem wird Energie frei, die in Elektronenvolt (eV) gemessen wird. Es gilt: 1 eV = $1{,}6 \cdot 10^{-19}$ Joule (J) oder = $4{,}45 \cdot 10^{-26}$ Kilowattstunden (kWh).

Beim Zerfall der Atomkerne werden α-, β- und γ-Strahlungen erzeugt. Die α-Strahlung besteht aus Heliumatomkernen, die β-Strahlung setzt sich aus Elektronen und den masselosen Neutrinos zusammen, wobei sich die Protonenzahl des Kerns um 1 erniedrigt. Die γ-Strahlung dagegen, ist eine extrem kurzwellige elektromagnetische Strahlung. Die γ-Wellenlänge (λ) ist kürzer als die des sichtbaren Lichtes und der Röntgenstrahlung ($\lambda \sim 10^{-11}$ m).

Die drei radioaktiven Strahlenarten besitzen sehr unterschiedliche Reichweiten: Die α-Teilchen ionisieren auf ihrem geradlinigen Weg andere Moleküle und verlieren dadurch sehr bald ihre Energie. Sie können nicht einmal ein Blatt Papier durchdringen. Die β-Strahlung ist wegen ihrer viel geringeren Masse schneller als das α-Teilchen; ihr Weg ist aus dem gleichen Grunde jedoch gezackt. 3 mm dickes Aluminium oder 15 cm Ton genügen, um sie abzuschirmen. Am durchdringendsten und am gefährlichsten ist die γ-Strahlung; sie durchdringt Materie am leichtesten und wird erst durch mehrere Dezimeter dickes Blei oder durch eine 3 m mächtige Tonschicht gestoppt.

Hieraus folgt, daß radioaktive Altlasten unter hinreichend mächtiger Überdeckung durch Messungen der o.g. Strahlungen nicht mehr gefunden werden können. Hier hilft der Nachweis des gasförmigen Radionukliden Radon (^{222}Rn). Es entsteht in der Uran-Radium-Zerfallsreihe, die vom Uran-238, dem häufigsten Uranisotop, ausgeht. Radon hat nur eine kurze Halbwertszeit von 3,8 Tagen. Das Radongas diffundiert langsam durch Deckschichten nach oben, bis in das Grundwasser oder die Atmosphäre. Werden Radonkonzentrationen in der im Boden enthaltenen Luft gemessen, so ist dies ein Hinweis auf tieferliegende, radioaktive Stoffe.

Die Maßeinheit der Radioaktivität ist das Becquerel (Bq), nach dem französischen Physiker benannt, der 1896 den Nobelpreis für die Entdeckung der radioaktiven Strahlung erhielt. Einem Becquerel entspricht 1 Zerfall pro Sekunde. Früher galt die Maßeinheit Curie (Ci); 1 Ci entspricht $3{,}7 \cdot 10^{10}$ Bq. Da Angaben in Bq immer sehr große Zahlen erreichen, hüte man sich davor, die in dieser Maßeinheit erfaßte Radioaktivität überzubewerten!

Die Anzahl der pro Sekunde zerfallenden Atomkerne sagt jedoch nichts über die Wirksamkeit der radioaktiven Strahlung aus. Hierfür ist die Energiedosis oder absorbierte Strahlungsenergie zu beachten, die an das bestrahlte Material abgegeben wird. Es werden drei Dosisarten unterschieden: Die Energiedosis D, die Ionendosis J und die Äquivalentdosis H. Sie sind unterschiedlich für α, β und γ-Strahlung. Die zeitliche Änderung der Dosisgrößen wird in den Einheiten für die Dosisleistungen gemessen.

Folgende Maßeinheiten sind gültig:

Tabelle 2.7. Dosisgrößen der radioaktiven Strahlung

Dosisgröße	Kurzzeichen	Definition	Einheit alt	Einheit neu	Umrechnung
Energiedosis	D	$D=\frac{E}{m}$	rad	Gy (Gray)	$1\,Gy=1\frac{J}{kg}=100\,rad$
Ionendosis	J	$J=\frac{Q}{m}$	R	$\frac{C}{kg}$	$1\frac{C}{kg}=3876\,R$
Äquivalentdosis	H	$H=D\cdot q$	rem	Sv (Sievert)	$1\,Sv=1\frac{J}{kg}=100\,rem$

E = Energie
m = Masse
rad = radiation absorbed dose
Q = Ladung (durch Ionisation erzeugt)
C = Coulomb
R = Röntgen
rem = röntgen equivalent man
q = Bewertungsfaktor (z.B. bei Bestrahlung biologischer Körper)

Die Maßeinheiten dieser Tabelle werden vornehmlich gebraucht, um die biologischen Auswirkungen radioaktiver Strahlen zu beschreiben und vergleichen zu können. Am wichtigsten ist die Äquivalentdosis H, gemessen in mSv (Millisievert), welche das Maß für die Bestrahlung biologischer Körper und damit für Strahlenschädigungen darstellt.

Die allgemeinen Dosisgrenzwerte für den menschlichen Körper sind im § 45 der deutschen Strahlenschutzverordnung festgelegt:

Keimdrüsen, Gebärmutter, rotes Knochenmark	0,3 mSv
Knochenoberfläche, Haut	1,8 mSv
Alle anderen Organe und Gewebe	0,9 mSv

Die ionisierende Wirkung radioaktiver Strahlung wird beim Geiger-Müller Zählrohr ausgenutzt, um die Anzahl der Ionisationsvorgänge durch den plötzlichen Zusammenbruch einer angelegten Spannung zu zählen. Das heute gebräuchlichere Verfahren beruht auf der Eigenschaft von Natriumjodidkristallen bei radioaktiver Bestrahlung aufzublitzen (Radiophotolumineszens). Die dabei entstehende Helligkeit wird von Fotodioden in "Scintillometern" gemessen und in Bq umgerechnet.

Für die radiometrische Erkundung radioaktiver Altlasten sollten Meßwerte nur in Bq angegeben werden. Leider sind noch immer zahlreiche Geräte im Einsatz, die das Meßergebnis in "counts per second (cps)" anzeigen. Die Anzahl der cps ist jedoch u.a. von der Größe des NaJ-Kristalls abhängig, weswegen die Zählraten dieser Geräte nur schwer verglichen werden können.

Viele Scintillometer sind als "Radiospektrometer" in der Lage die Energie der Strahlung, die in MeV gemessen wird, an der Stärke der einzelnen Lichtblitze zu erkennen. Häufig besitzen sie drei Kanäle, die zur Unterscheidung der natürlichen Radionuklide ^{40}K (1,46 MeV), ^{238}U (1,76 MeV) und ^{232}Th (2,62 MeV) dienen.

Bei der Messung der Radioaktivität im Gelände wird an vorbestimmten Punkten eines Meßnetzes entweder in geringer Höhe (0,2 - 1 m) über der Erdoberfläche oder in Rammbohrlöchern (0,5 - 1 m Tiefe) gemessen. Es sind aber auch Messungen vom Flugzeug oder Hubschrauber aus geringer Flughöhe möglich (**Aeroradiometrie**), wobei ein größerer instrumenteller Aufwand zu quantitativ und qualitativ besseren Ergebnissen führt. Die Ergebnisse können sowohl in Profilen als auch in Isolinienkarten der γ-Intensität dargestellt werden.

Neben der Untersuchung radioaktiver Altlasten ist ein weiteres Anwendungsgebiet die Kartierung der Radioaktivität, d.h. der Gammastrahlung, die von radioaktiven Niederschlägen (fallout), aber auch von Eruptivgesteinen wie Graniten oder Erzgängen mit radioaktiver Mineralisation ausgehen kann (siehe Abschn. 3.1.8). Aus den Meßergebnissen kann z.B der Verlauf von flächigen Kontaminationen durch Radionuklide abgeleitet werden, die so dicht unter der Erdoberfläche liegen, daß die Gammastrahlung die Überdeckung noch durchdringen kann. Auch bei Hausmülldeponien kann eine generelle Erhöhung der Gammastrahlung auftreten.

Bei den **Radonmessungen** wird vorwiegend die α-Strahlung aufgenommen, die bei dem Zerfall des Radon-Isotops emittiert wird. Meßgröße ist der Gehalt an gasförmigem Radon in der oberflächennahen Bodenluft. Es wird eine definierte Menge an Bodenluft in etwa 0,5 bis 1 m unter der Erdoberfläche mit Bohrstöcken entnommen und die Anzahl der α-Zerfallsereignisse in situ in einer Ionisationskammer oder einem α-Szintillometer gemessen.

Die Freisetzung des Radons aus dem Kontaminat oder dem Gestein geht u.a. auch auf geochemische und geodynamische Prozesse in der Tiefe zurück. Anreicherungen von Radon in der Bodenluft deuten auf bevorzugte Aufstiegsbahnen hin. Dies können nicht nur undichte Abdichtungen, sondern auch natürliche Trennflächen, wie Kluft- oder Verwerfungszonen, sein. In beiden Fällen besteht für Fluide und Gase eine erhöhte Durchlässigkeit, welche Schadstoffen zur Ausbreitung verhelfen kann. Radonmessungen eignen sich daher auch zur Ermittlung potentieller Transportwege in Festgesteinen, z.B. bei Voruntersuchungen neuer Deponiestandorte.

2.8 Isotopenhydrologie

Diese Methode basiert auf Umweltisotopen natürlichen oder geogenen Ursprungs und Umweltisotopen, die durch menschliche Aktivitäten (anthropogen) beeinflußt worden sind [11]. Letztere gelangten hauptsächlich vor 1964 durch die militärische Nutzung der Kernspaltung in das Grundwasser. Es gibt stabile und radioaktive Umweltisotope. Stabil sind z.B. die Isotope des Wasserstoffs ^{1}H und ^{2}H, auch Deuterium (D) genannt, diejenigen des Sauerstoffes ^{16}O und ^{18}O, sowie des Kohlenstoffs ^{13}C. Radioaktiv sind die Isotope des Radiokohlenstoffs ^{14}C (Halbwertszeit 5730 Jahre) und des Tritiums ^{3}H (Halbwertszeit 12,43 Jahre).

Diese Isotope werden in der Umweltgeophysik für Untersuchungen zur Grundwasserneubildung und -dynamik, zur genetischen Unterscheidung von Grundwässern, zur Abschätzung von Mischungsanteilen toxischer Stoffe und zur Herkunft von Kontaminationen eingesetzt. Die Isotopenverhältnisse des Wasserstoffs und des Sauerstoffs im Grundwasser lassen sich rasch und preiswert bestimmen. Das $^{18}O/^{16}O$-Isotopenverhältnis einer Probe wird dabei als σ-Wert beezeichnet.

Diese stabilen Isotope sind die Bausteine der unterschiedlich schweren Wassermoleküle $^{1}H_2{}^{16}O$, $^{1}H^{2}H^{16}O$, $^{2}H_2{}^{16}O$ und $^{1}H_2{}^{18}O$, in denen die Moleküle mit den Atommassen 18, 19 und 20 am häufigsten vorkommen. Die Isotope haben unterschiedliche Dampfdrücke, die bei Verdunstung, Kondensation oder Sublimation von Wasser zur Anreicherung der leichteren Moleküle in der flüchtigen Phase führen (Isotopenfraktionierung).

Das Verhältnis Wasserstoff- zu Sauerstoffisotopen wird meist nicht absolut, sondern vergleichend als VSMOW-Deltawert (Vienna-Standard Mean Ocean Water σ-Wert) in Promille ($^{o}/_{oo}$) angegeben. Bei Grundwasser aus Niederschlägen (meteorischem Wasser) besteht eine lineare Beziehung zwischen den $\sigma^{18}O$ und $\sigma^{2}H$ Werten, die als MWL (meteoric water line) bezeichnet wird. Diese gilt jedoch nicht bei offenen, stehenden Gewässern, wo Verdunstung eine Isotopenfraktionierung bewirkt.

Die schwereren Wassermoleküle verdunsten schneller bei höherer Temperatur, so daß die Isotopenzusammensetzung der Niederschläge einen Jahresgang aufweist, in dem sich Sommer und Winter abzeichnen. Dieser kann in Grundwasser, dessen Neubildung maximal 4 Jahre zurückliegt, beobachtet werden. So kann z.B. festgestellt werden, ob kontaminiertes Grundwasser älter als vier Jahre ist (Bild 2.26). Dieser Temperatureffekt gestattet überdies die Unterscheidung von Grundwasser, das in der Kaltzeit des Pleistozäns neugebildet wurde, von Grundwasser, das in der späteren Warmzeit des Holozäns entstanden ist.

Die Abnahme der Lufttemperatur mit der Höhe führt zu leichteren Delta-Werten der Niederschläge. Damit kann die topographische Höhe des Einzugsgebietes von Quellwässern mit einer Genauigkeit von +/- 50 m bestimmt werden (Bild 2.26).

Die Altersbestimmung von Jahrhunderte bis Jahrtausende altem Grundwasser basiert auf dem Radiokohlenstoffisotop ^{14}C, das im Wesentlichen durch die allgegenwärtige Höhenstrahlung entsteht. Es wird als CO_2 von Lebewesen aufgenommen; nach ihrem Tod wird das bei der Verwesung wieder entstehende CO_2 als lösliches Hydrogenkarbonat in neugebildetes Grundwasser abgegeben.

Während der Alterung nimmt die Radioaktivität entsprechend der Halbwertszeit (s.o.) gesetzmäßig ab. Allerdings ergeben sich durch Kohlenstoffanteile, die aus gelöstem Kalk stammen und welche die bekannte Härte des Wassers verursachen, Wasseralter, die bis zu Jahrtausenden zu groß sein können. Diese Alter müssen deshalb entsprechend herabkorrigiert werden. Die Differenz zwischen unkorrigiertem und korrigiertem Alter ist konstant und wird benutzt, um entsprechende Grundwässer zu identifizieren und ihre Bewegungen im Untergrund zu verfolgen.

Geringere Wasseralter werden mit der Tritiummethode erfaßt. Dieses Radionuklid (s.o.) wurde hauptsächlich durch Atombombenversuche in der Atmosphäre ins Grundwasser eingebracht. Es erreichte in den Jahren 1963/1964 sein Maximum (Bild 2.25). Aufgrund des seither abnehmenden Tritiumgehaltes der Niederschläge muß sich die Aussage heute auf den qualitativen Nachweis von seitdem neugebildetem Grundwasser beschränken.

Die Gehalte werden in Tritium-Einheiten (-Units) = TU angegeben, wobei 1 TU einem Tritiumatom auf 10^{18} Wasseratomen entspricht. Laufende ^{3}H-Messungen werden von der Internationalen Atomenergiebehörde, Wien, in vielen Ländern vorgenommen, um den kurzfristigen Grundwasserzyklus zu studieren und um die Atomsperrverträge zu überwachen.

Im Umweltbereich, insbesondere der Altlastenerkundung, kann die Isotopenhydrologie vielfältig eingesetzt werden. Drei Beispiele sollen dies verdeutlichen:

A) Bei Grundwasserversalzungen kann unterschieden werden, ob diese von aufgestiegenen Tiefenwässern oder von Haldenauslaugungen des Salzbergbaues ausgehen.

B) Bei alten Grundwässern kann festgestellt werden, ob Entnahmen zu einer Übernutzung führen.

C) Bei Schadstoffahnen kann ermittelt werden, wann sie entstanden sind.

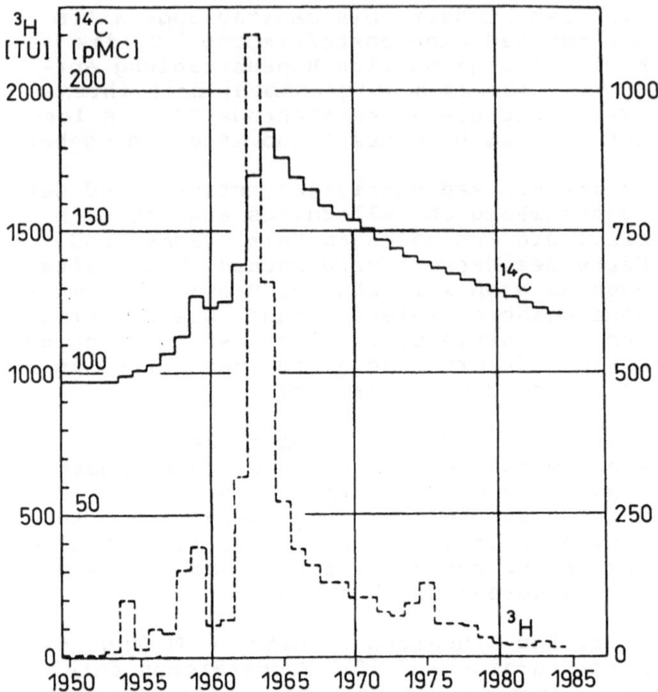

Bild 2.25. Tritium-Werte der Niederschläge Mitteleuropas und des atmosphärischen Radiokohlenstoffes (^{14}C) im CO_2 ab 1950.

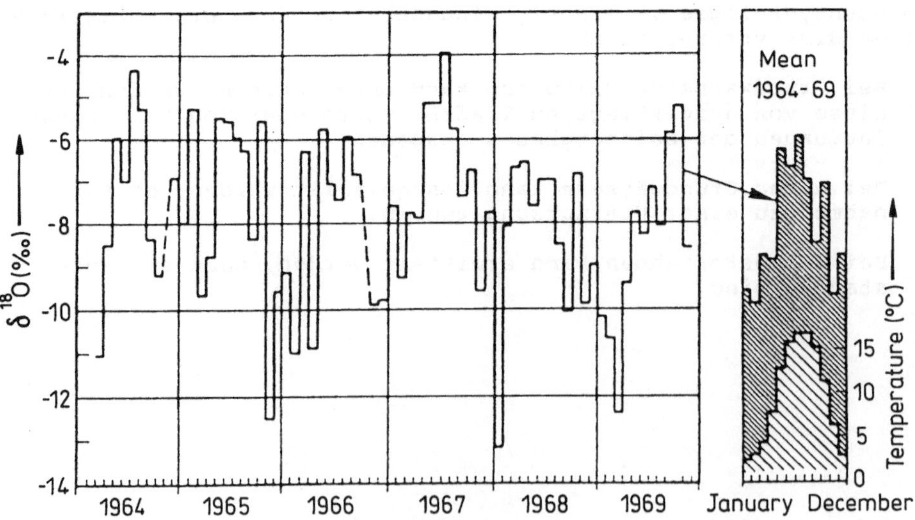

Bild 2.26. Jahreszeitliche Änderung der σ^{18}O-Gehalte in Groningen und Vergleich mit der mittleren Jahrestemperatur.

3 Anwendung

3.1 Altablagerungen und Altlasten

3.1.1 Vorbedingungen

Altablagerungen und Altlasten werden dadurch unterschieden, daß in den Altlasten Schadstoffe enthalten sind und/oder von ihnen emittiert werden. Die Geophysik kann auf beide Arten von Deponien in gleicher Weise angewendet werden.

Grundsätzlich ist zu beachten, daß jede geophysikalische Untersuchung von Altlasten gegenüber Bohrungen, Rammsondierungen oder Schürfen zerstörungsfrei, flächendeckend, raumerfassend und mit wesentlich geringerem Kostenaufwand durchgeführt werden kann. Darüber hinaus besteht eine höhere Arbeitssicherheit als bei mechanischen Aufschlußverfahren, durch die ggf. gefährliche Gase freigesetzt werden könnten.

Dennoch sollte nicht ganz auf mechanische Aufschlußarbeiten verzichtet werden. So stellen Bohrungen oder Rammsondierungen eine wertvolle Ergänzung der Geophysik dar, da an ihnen die geophysikalischen Resultate überprüft und die Meßmethode auf die besonderen Verhältnisse der zu untersuchenden Deponie "geeicht" werden kann.

3.1.2 Geomagnetik

Geomagnetische Bodenmessungen

Die Geomagnetik, insbesondere die Messung der Totalintensität mit dem Protonenmagnetometer, sollte als meßtechnisch einfache, rasch arbeitende und kostengünstige Methode mit Vorrang eingesetzt werden. Die folgenden Meßbeispiele sollen dies verdeutlichen:

Die geomagnetischen Anomalien am Modellstandort Leonberg, die im 2 x 2 m Raster aufgenommen worden sind, werden als Raumbild der magnetischen Totalintensität in Bild 3.1 dargestellt. Sie lassen sich in zwei Kategorien einteilen:

1. Extrem hohe Einzelanomalien über 1000 nT.
2. Schwache bis mittlere Anomalien von 20 bis 150 nT.

Die extremen Anomalien bezeichnen ferromagnetische Körper, die dicht unter der Oberfläche der Deponie (bis ca. 1 m) zu suchen sind. Die schwachen bis mittleren Anomalien können auf gleichartige Einzelkörper in größerer Tiefe (bis ca. 3 m) oder auf schwächer magnetisierte Bestandteile zurückgeführt werden.

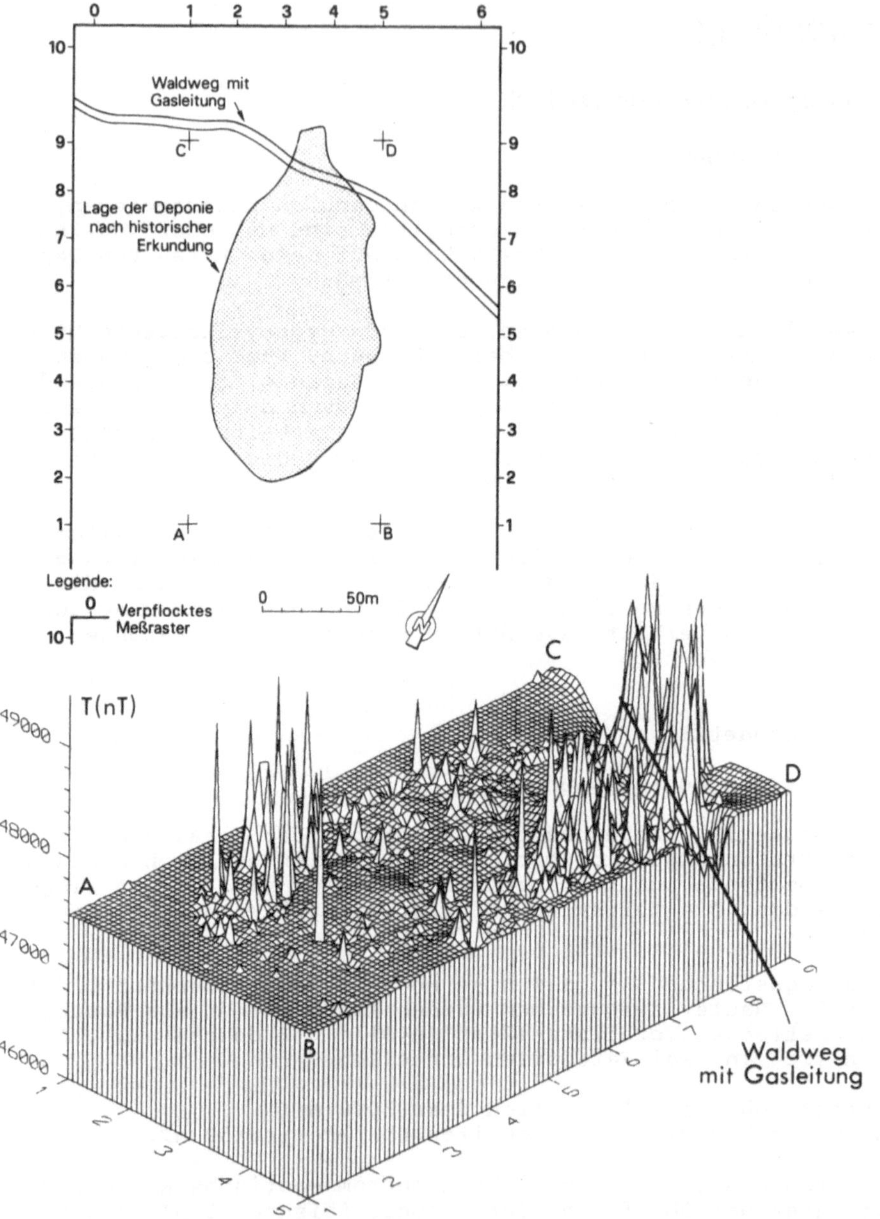

Bild 3.1. Raumbild der magnetischen Totalintensität am Modellstandort Leonberg (Untersuchungen: THOR Geophysikalische Prospektion GmbH, Kiel; [15])

Diese Anhäufung von punktbezogenen magnetischen Anomalien ist nicht nur für Leonberg charakteristisch. Sie ist darauf zurückzuführen, daß Leonberg, wie die meisten Deponieablagerungen, viel eisenhaltiges Material (z.B. Blechdosen, Maschendraht, Fahrzeugschrott etc.) enthält. Dies gilt in besonderem Maße für Hausmüll, aber auch für Bauschutt und ähnliche Ablagerungen.

Die breiteren magnetischen Anomalien in Leonberg sind meist auf lokale Konzentrationen von Eisenschrott, die nach dem Anomaliebild in zwei Bereichen vorhanden sein müßten, und auf eine an einem Waldweg verlegte eiserne Gasleitung zurückzuführen.

Der Vertikalgradient der Totalintensität (Bild 3.2) wurde in Leonberg aus zwei Messungen errechnet, die gleichzeitig in 0,65 m und 1,65 m Höhe über der Erdoberfläche erfolgt sind. Die Meßanordnung bestand aus zwei Protonenmagnetometern, die in den entsprechenden Höhen an einer Meßstange befestigt waren.

Gegenüber der einfachen Vermessung der Totalintensität hat die Bestimmung des Gradienten den Vorteil, daß die geringen magnetischen Schwankungen, welche in den unmagnetischen Bereichen auftreten (sog. Rauschen), eliminiert werden. Hierdurch treten die Anomalien, die auf ferromagnetisches Material zurückgehen, besser hervor.

Verbindet man alle Magnetfeldanomalien, die am weitesten vom Zentrum des Anomaliefeldes entfernt sind, durch eine Linie, so zeichnet sich die Begrenzung des Deponiekörpers ab.

Bild 3.3 zeigt das Ergebnis geomagnetischer Messungen am Modellstandort Geislingen. Auf dieser Industriebrache, einem ehemaligen Gaswerksgelände, bestanden schwierige Bedingungen für die Geomagnetik durch magnetisierte Körper über der Erdoberfläche in Form von Gebäuden, Tanks und Gasometern. Die Registrierung des Gradienten der Totalintensität erfolgte in 1 und 2 m Höhe über der Erdoberfläche bei einem 1 x 1 m Meßraster für das untere und 2 x 2 m Raster für das obere Meßniveau.

Trotz der industriellen Bebauung konnten mehrere magnetische Objekte geortet werden. Hieraus folgt, daß die Geomagnetik, bei vorsichtiger Interpretation, auch in bebauten Gebieten angewendet werden kann.

Bei der geomagnetischen Vermessung des Modellstandortes Bitz, in einem quadratischen Raster mit einer Kantenlänge von 4 m, liegt die starke Anomalie "A", im NW des Deponiekörpers, über einer größeren Ansammlung von Eisenschrott (Bild 3.4). Dieser Hinweis ist möglich, da aus der historischen Erkundung bekannt ist, daß dort Autoschrott abgelagert wurde. Für die anderen Teile der Deponie liegen keine Angaben über magnetische Einlagerungen vor.

Die Anomalien "B" können auf die Eisenumzäunung der Tennisplätze zurückgeführt werden. Die Ursache weiterer, schwacher Anomalien, die meist außerhalb der Deponie liegen, ist unbekannt.

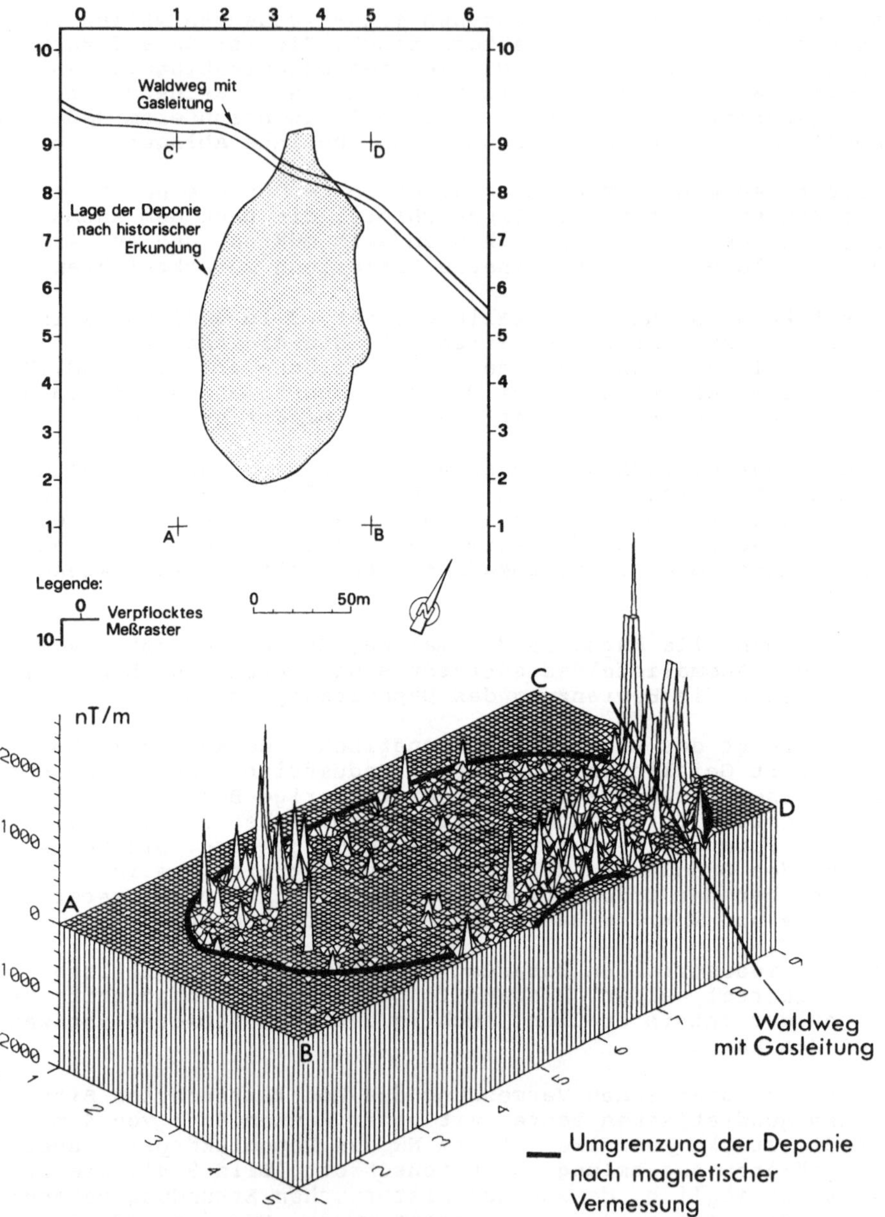

Bild 3.2. Raumbild des Vertikalgradienten der magnetischen Totalintensität am Modellstandort Leonberg (Untersuchungen: THOR Geophysikalische Prospektion GmbH, Kiel; [15])

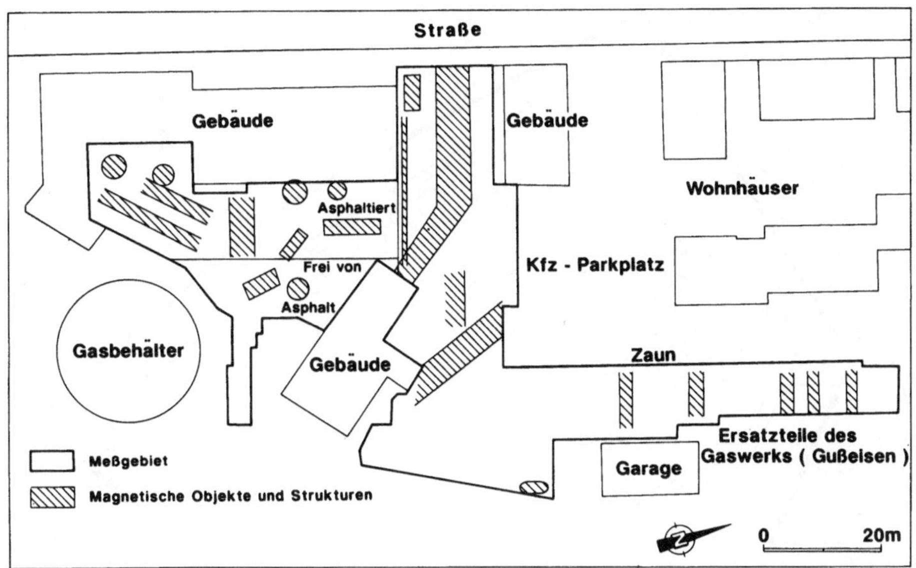

Bild 3.3. Magnetische Karte des Gaswerksgeländes Geislingen (Ges. f. Geophys. Untersuchungen, Karlsruhe)

Das Beispiel der Altlast Bitz in Bild 3.4 macht deutlich, daß eine Interpretation von magnetischen Anomalien nur bei genauer Kenntnis des Untersuchungsgebietes hinsichtlich Bebauung, Installationen etc. möglich ist.

Im Bild 3.5 sind vier Stahlfässer in nichtmagnetischem Material, aufrecht stehend, vergraben worden. Mit dem Protonenmagnetometer wurde bei 0,5 m Tiefe eine konzentrische Anomalie der Totalintensität von 110 nT gemessen, bei 2,0 m Tiefe verringerte sich diese auf 40 nT. Der Isolinienabstand beträgt 10 nT.

Das Beispiel der 4 Stahlfässer zeigt, daß Einzelfässer oder Faßgebinde nur schwache magnetische Anomalien hervorbringen, die erheblich geringer sind als die normalerweise über Haus- und Industriemüll gemessenen. Fässer könnnen demzufolge nur dann sicher magnetisch nachgewiesen werden, wenn sie in unmagnetisches Material eingebettet sind.

Weiter geht aus Bild 3.5 hervor, daß die Maschenweite von 1 m in einem rechtwinkeligen Meßnetz ausreicht, um Einzelanomalien separater magnetischer Einlagerungen, zu lokalisieren, vorausgesetzt, daß ihr Magnetfeld das allgemeine Niveau (background) übersteigt.

Nach Testmessungen von J.W. Bredewout [4] lassen sich einzelne Metallfässser bis zu einer Tiefe von 4 m und Gebinde von 100 Fässern bis zu einer Tiefe von 10 m magnetisch nachweisen. Voraussetzung ist allerdings auch hier, daß kein weiteres magnetisches Material abgelagert wurde.

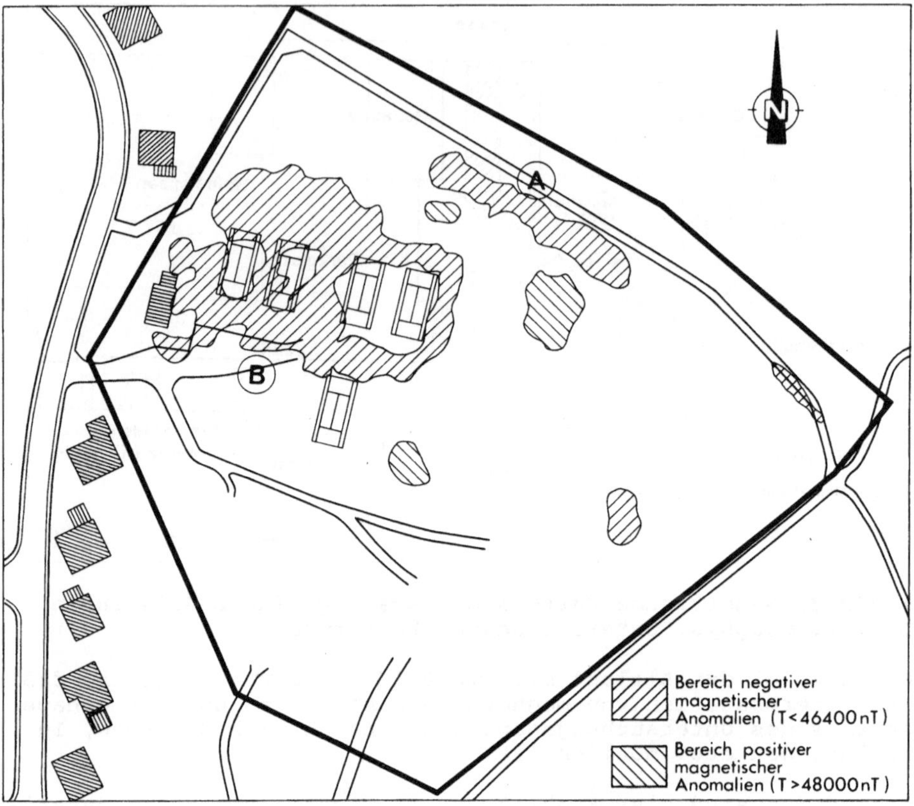

A

B

N

Bereich negativer magnetischer Anomalien (T<46400nT)

Bereich positiver magnetischer Anomalien (T>48000nT)

Bild 3.4. Anomalien der magnetischen Totalintensität ΔT am Modellstandort Bitz (Geophysik Consulting GmbH, Kiel)

Magnetische Anomalien Stahlfässer-aufrecht

Tiefe 2m 1,5m 1,0m 0,5m (Deckel)

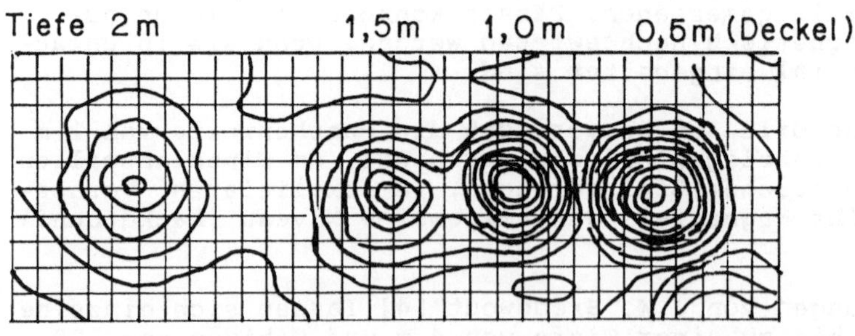

Isolinienabstand: 5nT

Bild 3.5. Magnetische Anomalien der Totalintensität über 4 Stahlfässern in verschiedenen Tiefen (SCINTREX, Kanada)

Die magnetische Anomalie eines unterirdischen Bunkers wird in den Bildern 3.6 und 3.7 als Karte und als Raumbild vorgestellt. Die starke Stahlarmierung des Betons verursacht eine Anomalie > 2000 nT. Metallbehälter im Bunker, in denen Chemikalien vermutet werden, haben sich im Magnetfeld offensichtlich nicht abgezeichnet. Sie konnten jedoch bei einer zusätzlichen elektromagnetischen Kartierung erfaßt werden (Bilder 3.24 und 3.25)

Die Anomalie der Totalintensität entspricht einer normalen induktiven Magnetisierung und der Inklination des Magnetfeldes in Deutschland (Bild 2.2). Dies äußert sich durch eine hohe positive Anomalie im Süden, der eine schwächere negative Anomalie im Norden vorgelagert ist. Der Nulldurchgang zwischen beiden Anomalien liegt über dem Bunker. Während diese Doppelanomalie zum magnetischen Körper des stahlarmierten Bunkers gehört, tritt in der Südwestecke des Meßgebietes eine weitere magnetische Anomalie auf, die indessen einem anderen magnetischen Objekt zuzurechnen ist.

Da das Meßgebiet mit dichtem Wald bestanden war, mußten Schneisen im Abstand von 2 m geschlagen werden, ehe die Verpflockung und topographische Vermessung des geophysikalischen Meßnetzes erfolgen konnte. Hieraus geht hervor, daß Bewuchs und Geländegestalt (z.B. Felsen oder Schluchten) grundsätzlich bei der Planung und der Kostenabschätzung geophysikalischer Arbeiten bekannt sein sollten und berücksichtigt werden müssen.

Geomagnetische Messungen aus der Luft

Über der Hausmülldeponie Altwarmbüchen der Stadt Hannover, einem Müllberg von ca. 30 m Höhe, wurden geophysikalische Messungen mit dem Hubschrauber der Bundesanstalt für Geowissenschaften und Rohstoffe vorgenommen [6]. Es zeigte sich, daß sich der Müll geomagnetisch deutlich als Fremdkörper von seiner Umgebung abhebt.

Die aeromagnetische Isolinienkarte der Totalintensität (Bild 3.8), weist eine Anzahl deutlicher magnetischer Anomalien auf, die durch das im Müll enthaltene Eisen verursacht werden. Im Südteil der Deponie, die sich in Ost-West Richtung erstreckt, wird ein Maximum von > 750 nT erreicht. Im Norden schließt sich ein Minimum von < 560 nT an. Der Nulldurchgang (Wendepunkt) zwischen beiden Anomalien fällt mit der Ost-West Achse der Deponie zusammen. Wie beim Beispiel des stahlarmierten Bunkers weist diese Anomalieform auf eine normale, induktive Magnetisierung der Eisenanteile des Mülls hin.

Die Maxima und Minima treten jeweils in der Nähe der Umrandung des Deponiekörpers auf (dicke Linie). Bei dieser Vermessung aus ca. 50 m Höhe über der Deponie können einzelne magnetische Objekte nur bei hinreichender Größe aufgelöst werden. Lediglich im S der Deponie deutet ein lokales Minimum ein großes magnetisches Objekt an.

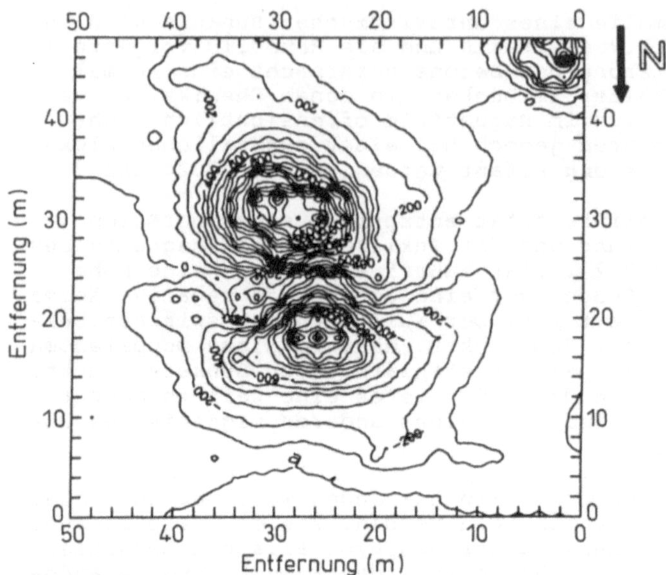

Bild 3.6. Karte der magnetischen Totalintensität über einem Bunker

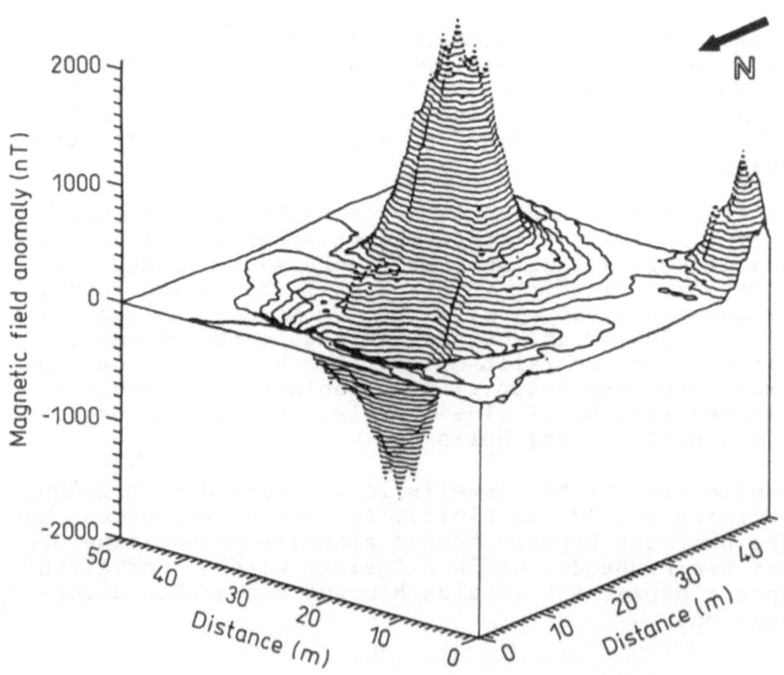

Bild 3.7. Raumbild der magn. Totalintensität über einem Bunker

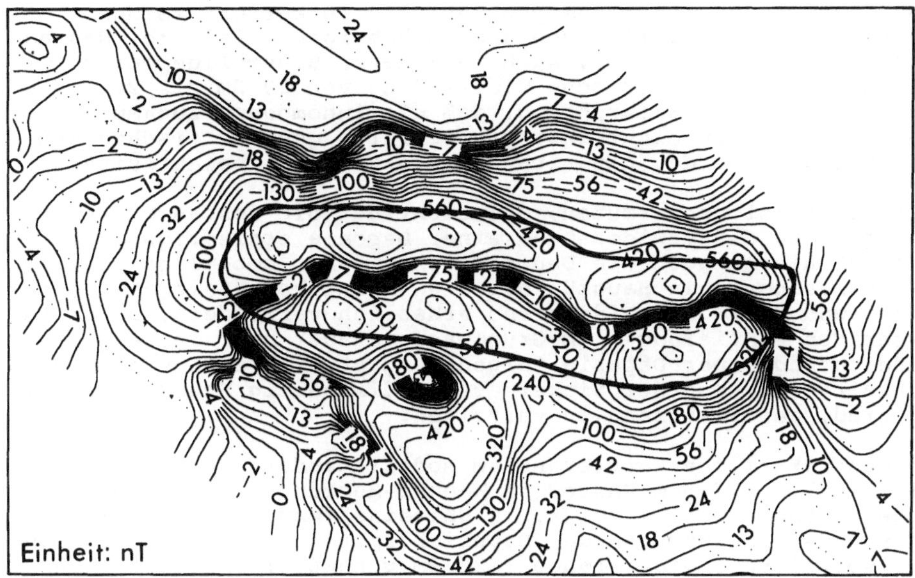

Bild 3.8. Isolinienkarte der magnetischen Totalintensität nach einer aeromagnetischen Vermessung der Bundesanstalt für Geowissenschaften und Rohstoffe in 50 m Höhe über der Hausmülldeponie Altwarmbüchen [6]

3.1.3 Gleichstromgeoelektrik

Die geoelektrischen Methoden eignen sich zur Altlastenerkundung nicht nur, weil sie, ähnlich den geomagnetischen Verfahren, rasch und kostengünstig Angaben über die Ausdehnung der Altlast unter Überdeckung vermitteln können, sondern weil sie auch Einzelanhäufungen oder Körper mit guter Leitfähigkeit, auch in größerer Tiefe, orten können. Dies können Metallschrott aller Art, aber auch toxische Schlämme, organisches Material oder andere Stoffe mit abweichenden Widerständen sein.

Geoelektrische Kartierung

Bei einer geoelektrischen Kartierung auf dem Deponiegelände am Modellstandort Osterhofen in der Wenner-Anordnung (siehe Abschnitt 2.2.1) mit einem Elektrodenabstand L = 10 m wurden auf dem Deponiekörper sehr niedrige scheinbare spezifische Widerstände gemessen (Bild 3.9). Im Zentrum der Deponie erkennt man Minimalwerte < 15 Ωm, während zu den Rändern hin die Werte konzentrisch zunehmen.

Erstaunlich ist, daß trotz der Vielfalt der Einzelwiderstände, der in diese Hausmülldeponie eingelagerten Abfallstoffe, eine homogene Widerstandsverteilung gemessen worden ist. Vermutlich sind die einzelnen, elektrisch wirksamen Müllkomponenten so klein, daß sie bereits bei diesem geringen Elektrodenabstand zu einer homogenen, niederohmigen Anomalie integriert werden. Diese hebt sich deutlich von dem hochohmigen Umfeld ab, das aus trockenen Kiesen besteht. Auch in anderen Hausmülldeponien wurden niedrige elektrische Widerstände von 10 Ωm bis 20 Ωm festgestellt. Die Befürchtung, daß die inhomogene Zusammensetzung des Mülls zu nicht interpretierbaren geoelektrischen Meßwerten führen würde, hat sich demzufolge nicht bewahrheitet.

Allerdings ist zu vermuten, daß nicht nur die festen Müllkomponenten den Gesamtwiderstand einer Deponie erniedrigen, sondern daß hieran auch die Deponiesickerwässer beteiligt sind, die insbesondere in Hausmülldeponien meist hohe Salzgehalte besitzen und damit den Widerstand erheblich vermindern. Da saline Wässer den Eintiefungen im Grundwasserstauer bzw. in der Liegenddichtung einer Deponie folgen, ergibt sich daraus eine Möglichkeit, die Wege der Sickerwässer, die häufig Schadstoffträger sind, geoelektrisch zu verfolgen.

Die geoelektrische Kartierung am Modellstandort Leonberg (Bild 3.10) im 7,5 x 7,5 m Raster in Wenner-Anordnung mit einem Elektrodenabstand von 5 m zeigt, in Übereinstimmung mit dem Ergebnis von Osterhofen, daß der Deponiekörper durch geringe scheinbare spezifische Widerstände < 20 Ωm gekennzeichnet ist, während in der Umgebung Widerstände > 50 Ωm gemessen wurden. Die Umgrenzung der Deponie kann demzufolge auch aus dieser geoelektrischen Kartierung abgeleitet werden. Als Hinweise auf bevorzugte Abstromrichtungen für Sickerwässer werden gerichtete Zonen mit geringen Widerständen am Rand der Deponie angesehen.

Obwohl die Wenner Anordnung (Bild 2.5) wegen ihrer Symmetrie (das Meßergebnise bezieht sich auf den Mittelpunkt der Anordnung) häufig zur Gleichstromkartierung benutzt wird, können für spezielle Fragestellungen andere Elektroden - Sondenkonfigurationen verwendet werden. Z.B. dringt die Gradientenanordnung tiefer ein bei gleichfalls hoher Auflösung von Detailstrukturen. Sie sollte gewählt werden, wenn zusätzliche Informationen über die geologische Barriere gefragt sind. Feste Schlumberger Anordnungen bieten den Vorteil, die Erkundungstiefe recht genau einstellen zu können.

Geoelektrische Tiefensondierungen

Neben der auf die Fläche ausgerichteten geoelektrischen Kartierung kann die geoelektrische Tiefensondierung (GTS), auch Widerstandssondierung genannt, erfolgreich zur Teufenerkundung in Altlasten eingesetzt werden.

Geoelektrische Tiefensondierungen in Schlumberger-Anordnung mit Maximalauslagen von 2 x 130 m wurden auf dem Deponiegelände des Modellstandortes Mannheim und der Umgebung durchgeführt. Bilder 3.11a und b zeigen die doppeltlogarithmisch aufgetragenen Widerstandswerte und darunter ihre Auswertung nach dem Inversionsverfahren für zwei Sondierungspunkte. Ergebnisse von 10 Sondierungen in Form von Säulendiagrammen wurden in Bild 3.11c zu einem geoelektrischen Profil zusammengestellt.

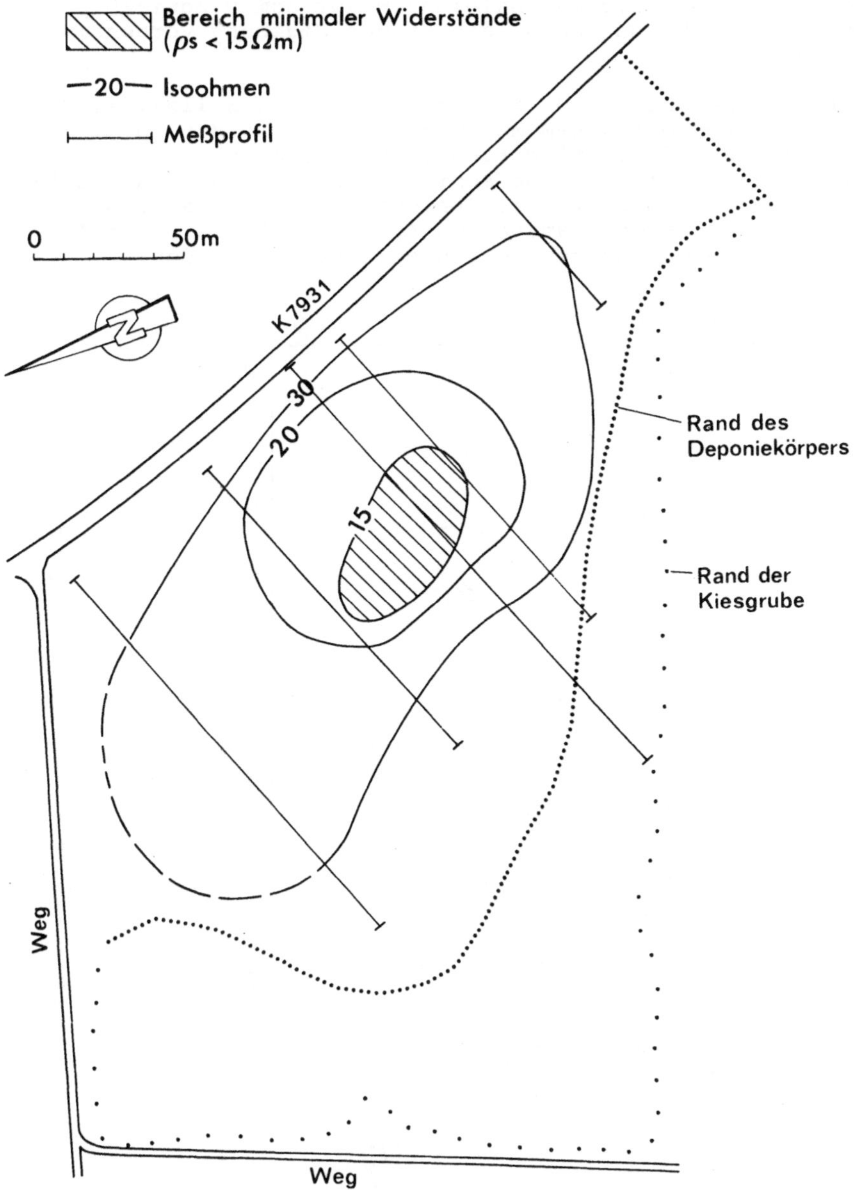

Bild 3.9. Isolinienkarte des scheinbaren spezifischen Widerstandes ρ_s nach geoelektrischer Kartierung am Modellstandort Osterhofen (Untersuchungen: R. Buchholz Büro für Ingenieurgeophysik, Heiligenberg; [25])

Die geoelektrischen Tiefensondierungen auf dem Deponiekörper unterscheiden sich von denen, die in der Umgebung vorgenommen worden sind:

Außerhalb der Deponie, z.B. am Punkt 17E (Bild 3.11a), sind Sondierungskurven mit einem Maximum gemessen worden, d.h. es folgt zur Teufe auf die niederohmige Bodenschicht (90 Ωm) eine hochohmige, ca. 10 m mächtige Schicht (651 Ωm), die nassen Sanden und Kiesen zugeordnet wird. Darunter liegen wieder Schichten mit niedrigen Widerständen von 48 bis 64 Ωm, die als Abfolge von sandigen und tonigen Schichten gedeutet werden.

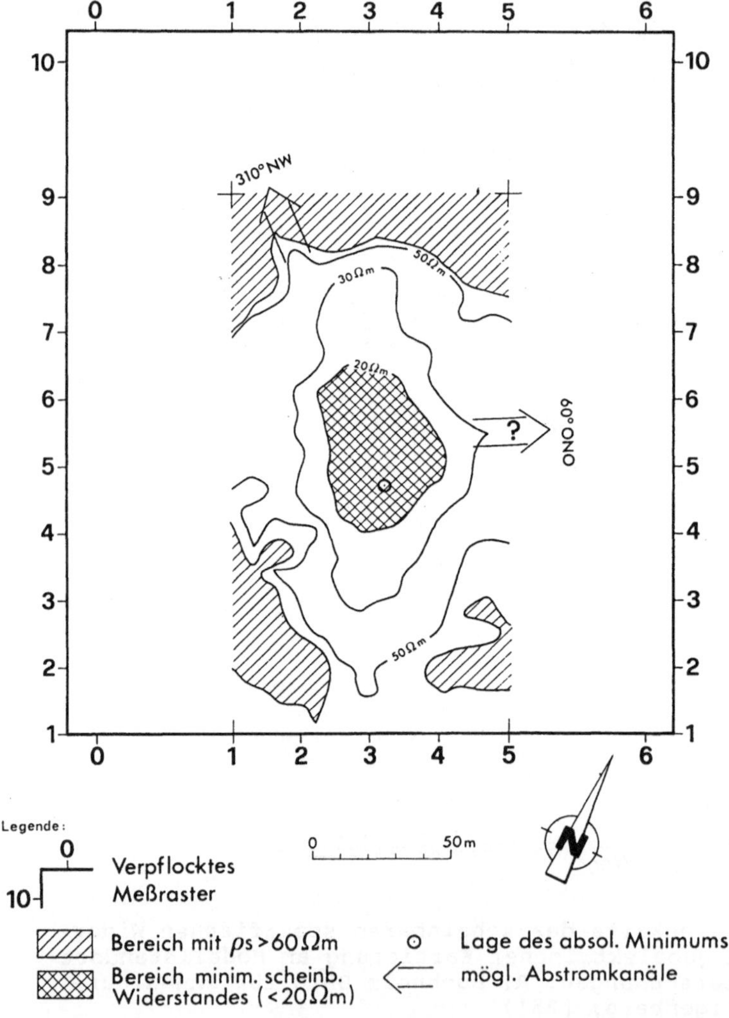

Bild 3.10. Isolinienkarte des scheinbaren spezifischen Widerstandes ρ_s nach geoelektrischer Kartierung am Modellstandort Leonberg (THOR Geophysikalische Prospektion GmbH, Kiel; [15])

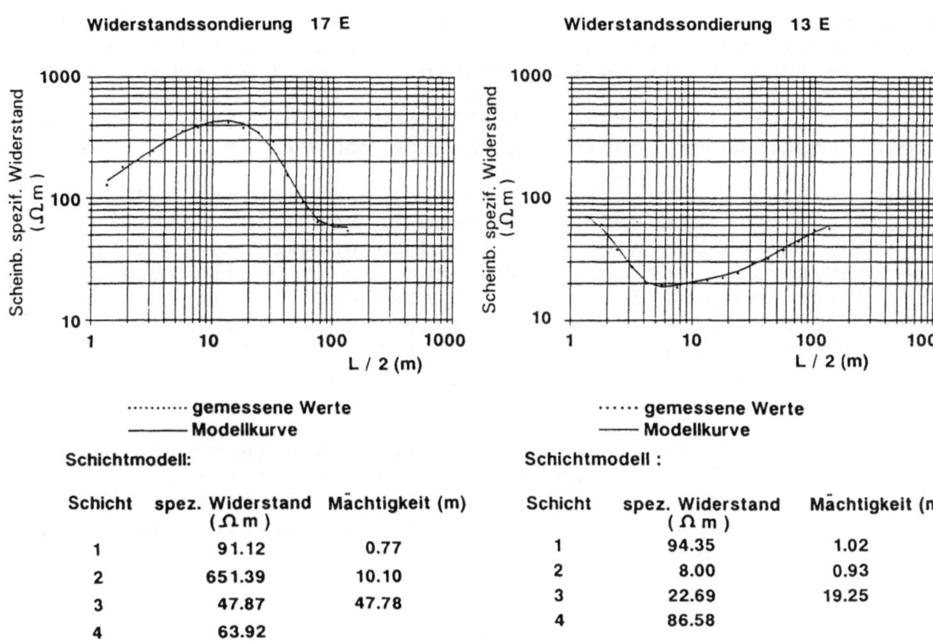

Schichtmodell:

Schicht	spez. Widerstand (Ω m)	Mächtigkeit (m)
1	91.12	0.77
2	651.39	10.10
3	47.87	47.78
4	63.92	

Schichtmodell :

Schicht	spez. Widerstand (Ω m)	Mächtigkeit (m)
1	94.35	1.02
2	8.00	0.93
3	22.69	19.25
4	86.58	

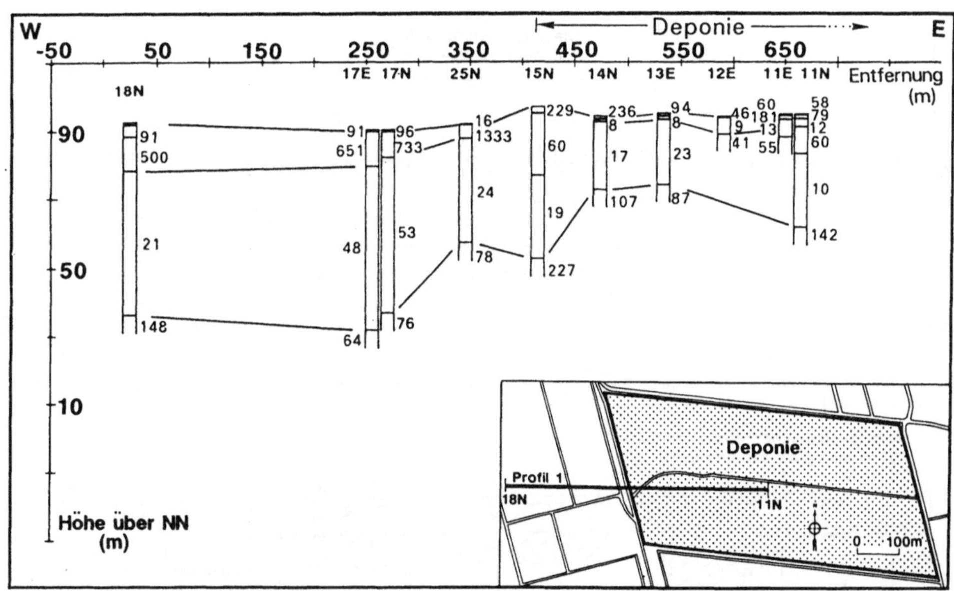

Bild 3.11. Ergebnisse von geoelektrischen Tiefensondierungen in Schlumberger-Anordnung am Modellstandort Mannheim (Untersuchungen: Geophysik Consulting GmbH, Kiel; [21]), **a)** Sondierungskurve und Schichtenmodell am Punkt 17E außerhalb der Deponie, **b)** Sondierungskurve und Schichtenmodell am Punkt 13E auf dem Deponiekörper, **c)** Geoelektrisches Profil.

Innerhalb der Deponie Mannheim zeigen die Sondierungen Minimumkurven: Unter dem Punkt 13E (Bild 3.11b) liegt zunächst eine abdeckende Schicht mit 94 Ωm. Darunter folgen 2 Ablagerungen mit sehr niedrigen Widerständen von 3 und 23 Ωm, die dem Deponiematerial zuzuordnen sind. Die liegenden Schichten in ca. 20 m Tiefe haben wieder höhere Widerstände von 870 Ωm.

Aus dem Geoelektrik-Profil (Bild 3.11c) geht hervor, daß diese Unterschiede zwischen Umfeld und Deponie bei allen Sondierungen auftreten. Obwohl die Widerstände und Mächtigkeiten innerhalb dieser Industriemülldeponie etwas mehr als im Umfeld streuen, gilt die für Hausmüll festgestellte starke Erniedrigung und Homogenisierung der Widerstände. Hierdurch wird es möglich, mittels Tiefensondierungen nicht nur die Widerstände, sondern auch die Mächtigkeit und die Teufe der Deponieablagerungen zu bestimmen.

Darüber hinaus helfen geoelektrische Tiefensondierungen, die Lage besonderer Müllkomponenten zu ermitteln. Hier ist zu vermuten, daß die Widerstände zwischen 180 und 230 Ωm innerhalb der Deponie von Gießereisanden hervorgerufen werden, deren Einlagerung bekannt ist.

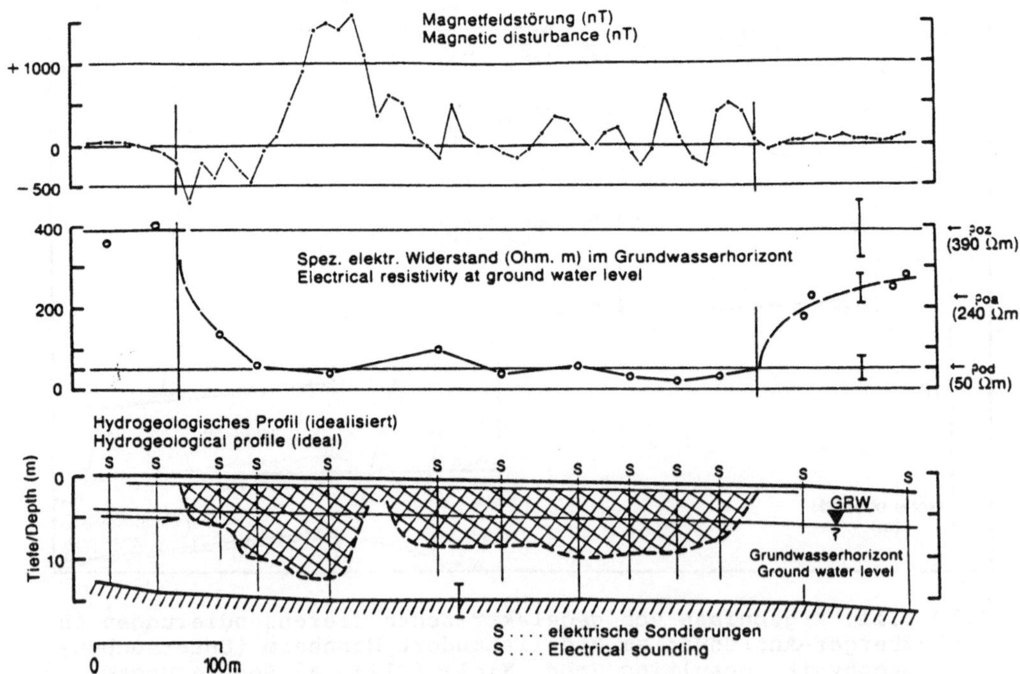

Bild 3.12. Erkundung einer Grundwasserkontamination durch geomagnetische Messungen und geoelektrische Tiefensondierungen (G. Wallach, Leoben [33]).

Im Bild 3.12 wird die geophysikalische Detailerkundung einer durch Versalzung gekennzeichneten Grundwasserkontamination beschrieben, die von einer rekultivierten Altdeponie ausgeht. Zuerst wurde die Deponiebegrenzung durch eine geomagnetische Kartierung festgelegt (oberes Profil). Danach ist die Tiefenerstreckung des Deponiekörpers durch geoelektrische Tiefensondierungen ermittelt worden (unteres Profil mit Kreuzschraffur), und schließlich wurden die mittleren Widerstände des Grundwasserleiters oder -Horizontes im mittleren Profil miteinander verbunden.

Das Eindringen des salzigen Deponiesickerwassers in den Grundwasserleiter führt dazu, daß sein elektrischer Widerstand auf einer Strecke von 130 m, in der das Grundwasser von links im Bild unter die Deponie einströmt, von > 300 Ωm auf < 50 Ωm absinkt. Dieser niedrige Widerstand bzw. die Versalzung des Grundwassers erstreckt sich über die gesamte restliche Länge der Deponie von ca. 800 m. Am rechten Rand der Altlast, im Abstrom des Grundwassers, steigen die Widerstände wieder an und erreichen nach ca. 250 m ca. 280 Ωm.

Das bedeutet, daß die Konzentration der Salze und löslichen Schadstoffe nach 250 m im Abstrom von der Deponie bis auf einen Rest von ca. 15 % der Maximalkontamination abnimmt.

In den Bildern 3.13 bis 3.15 wird dargelegt, daß mit geoelektrischen Tiefensondierungen nicht nur einzelne Schadstoffahnen verfolgt werden können, sondern daß dieses Verfahren auch geeignet ist, regionale Versalzungen des Grundwassers zu erkunden. Dabei müssen, um größere Tiefen zu erreichen, die Elektrodenabstände oder Auslagen erheblich (bis zu 10 000 m) verlängert werden.

Die beiden Profile im Bild 3.13 erstrecken sich im Oberrheingebiet, vom Kaiserstuhl (Wyhl) im Süden bis nach Kehl (Straßburg) im Norden, über eine Entfernung von 60 km. Längs des Rheins wurden 11 geoelektrische Tiefensondierungen mit Auslagen von 1600 bis 4000 m vorgenommen. Dabei konnten Eindringtiefen von > 1400 m erzielt werden.

Im unteren geoelektrischen Profil des Bildes 3.13 sind die aus 11 geoelektrischen Tiefensondierungen ermittelten Schichtgrenzen der Schichten mit annähernd gleichen Widerständen miteinander verbunden worden. Im oberen Profil wird dem geophysikalischen Ergebnis die geologische Interpretation der Schichtenfolge und das tektonische Verwerfungssystem gegenübergestellt. Im geoelektrischen Profil lassen sich drei Bereiche unterscheiden:

1) Auf der gesamten Länge des geoelektrischen Profils herrschen bis in Tiefen von 200 bis 300 m hohe Widerstände von 70 -450 Ωm vor. Sie gehen auf z.T. trockene Kiesschichten meist quartären Erdalters zurück.

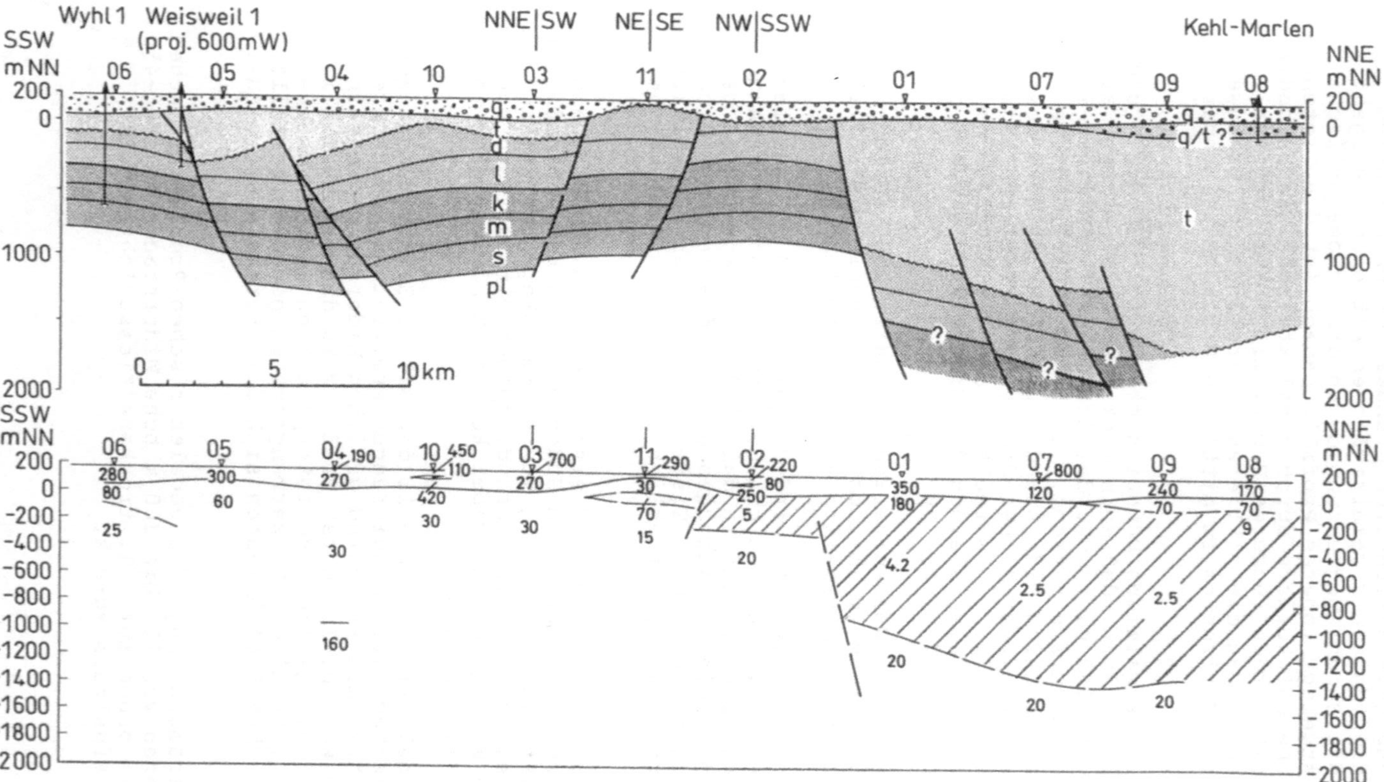

Bild 3.13. Geologisches und Geoelektrisches Profil entlang des Oberrheins zwischen Kaiserstuhl und Kehl (Brost,E. ...) [5])

2) Mittlere Widerstände von 20 - 80 Ωm sind auf der gesamten Länge des Profils im Bild 3.13 gemessen worden; im SSW beginnen sie in ca. 150 m Tiefe, in der Mitte sinken sie an Dehnungsverwerfungen auf ca. 400 m und gegen NNE weiter auf ca. 1500 m ab. Diese Schichten werden dem Erdmittelalter oder Mesozoikum zugeordnet.

3) Sehr niedrige Widerstände von 2,5 - 9 Ωm finden sich nur in der nördlichen Hälfte des geoelektrischen Profils. Die zugehörigen Schichten erreichen > 1000 m Mächtigkeit und liegen über den abgesunkenen mesozoischen Schichten mit mittleren Widerständen. Sie werden dem Erdzeitalter des Tertiärs zugerechnet, dessen Schichten normalerweise wesentlich höhere spezifische Widerstände aufweisen. Der Grund für die niedrigen Widerstände wurde in der Bohrung Kehl-Marlen entdeckt, die am NNE-Ende des Profils niedergebracht worden ist: In der tertiären Schichtfolge ist stark salinares Tiefen- und Porenwasser angetroffen worden.

Die GTS 08 wurde auf dem Bohrpunkt Kehl-Marlen vorgenommen. Im Bild 3.14 sind auf dem untersten Balken die Schichtmächtigkeiten und die Schichtwiderstände von der Erdoberfläche zur Tiefe von links nach rechts liegend aufgezeichnet. Ab 215 m sinken die Widerstände von ca. 70 Ωm auf 9 Ωm ab. Diese geoelektrisch ermittelten Tiefen entsprechen recht genau dem Bohrergebnis, dessen Säulenprofil liegend im obersten Balken des Bildes dargestellt wird.

Die Auslage der GTS 08 betrug 1600 m, indessen reichte diese beträchtliche Länge nicht aus, um die Schichtgrenze des salzwasserführenden Tertiärs zum Mesozoikum zu erfassen. Erst die Verlängerung der Auslage der benachbarten GTS 09 auf 3800 m ergab eine Sondierungskurve, in welcher der steile Abstieg zu dem extrem niedrigen Widerstand von 2,5 Ωm in ein Minimum übergeht, das in 1500 m Tiefe den Anstieg des Widerstandes auf 20 Ωm, bzw. das Eintreten in die liegenden mesozoischen Schichten signalisiert (mittlerer Auswertebalken).

Im Bild 3.15 wird zum Vergleich die Sondierungskurve 04 wiedergegeben, die im südlichen Abschnitt des Profils gemessen wurde. Die Schichten des Quartärs und wahrscheinlich des jüngsten Tertiärs (Pliozän) weisen elektrische Widerstände von 190 Ωm bis 270 Ωm auf. Darunter folgt eine mächtige Schichtfolge mit dem Widerstand von 30 Ωm, die im geologischen Profil, Bild 3.13 (oben), sowohl Schichten des Tertiärs als auch des Mesozoikums zugeordnet wird. Der Anstieg ab 1137 m Tiefe geht vermutlich auf das Grundgebirge zurück.

Durch die Wiederholung der Großauslagen der 11 Tiefensondierungen nach zwei Jahren, wurde die Ausbreitung dieser riesigen Grundwasserversalzung kontrolliert. Das Ergebnis überraschte: es konnte keine Veränderung festgestellt werden! Es handelt sich vermutlich um eine geogene, sehr tiefreichende Versalzung des Grundwassers, die als der Rückstand einer ausgelaugten tertiären Lagerstätte kristalliner Salze anzusehen ist.

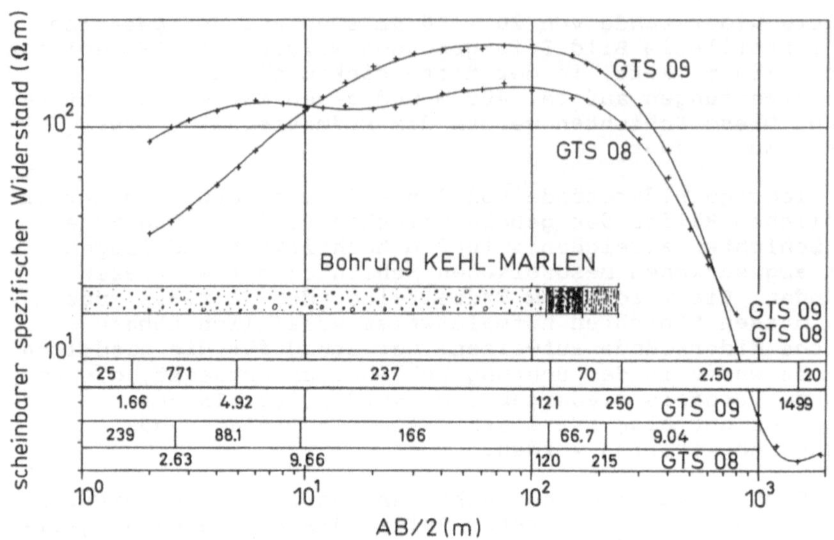

Bild 3.14. Geolektrische Sondierungskurven GTS 09 und GTS 08 im Norden des geoelektrischen Rheinprofils in Bild 3.13.

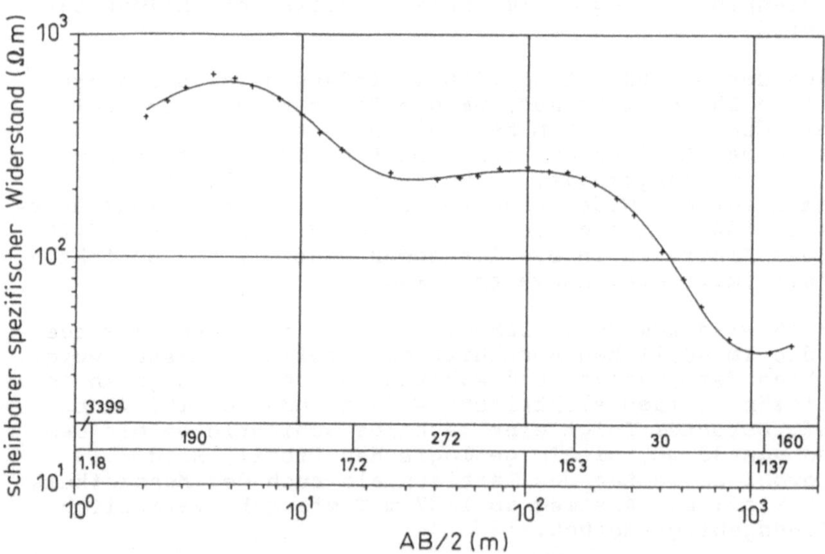

Bild 3.15. Geolektrische Sondierungskurve GTS 04 im Süden des geoelektrischen Rheinprofils in Bild 3.13.

Messungen der Induzierten Polarisation (IP)

Dieses Verfahren besitzt eine aufwendigere Meßtechnik als die Gleichstromgeoelektrik und sollte vornehmlich bei der Suche nach aufladbarem Material eingesetzt werden. Aufladbar sind z.B. galvanische Schlämme, Metalle und alle Stoffe mit hochglänzenden Oberflächen, wie z.B. metallisch glasierte Keramiken. Allerdings sind bisher nur wenige aufladbare Abfallstoffe bekannt. Weitere Forschungsarbeiten sind hier erforderlich. Die Methode kann bereits jetzt, ohne Kenntnis der Ursachen, verwendet werden, um aufladefähige Altlasten von nicht aufladefähigem Nebengestein, bei gleichen Widerständen, abzugrenzen.

Die IP-Methode ist auch in der Lage, Ablagerungen mit niedrigen elektrischen Widerständen, wie Ton, Lehm oder Schlamm, von salzwasserführenden Gesteinen zu unterscheiden. Tone besitzen eine geringe Aufladefähigkeit, während durch die Füllung der Gesteinsporenräume mit hohen Ionenkonzentrationen, d.h. Versalzungen, die Aufladefähigkeit verloren geht.

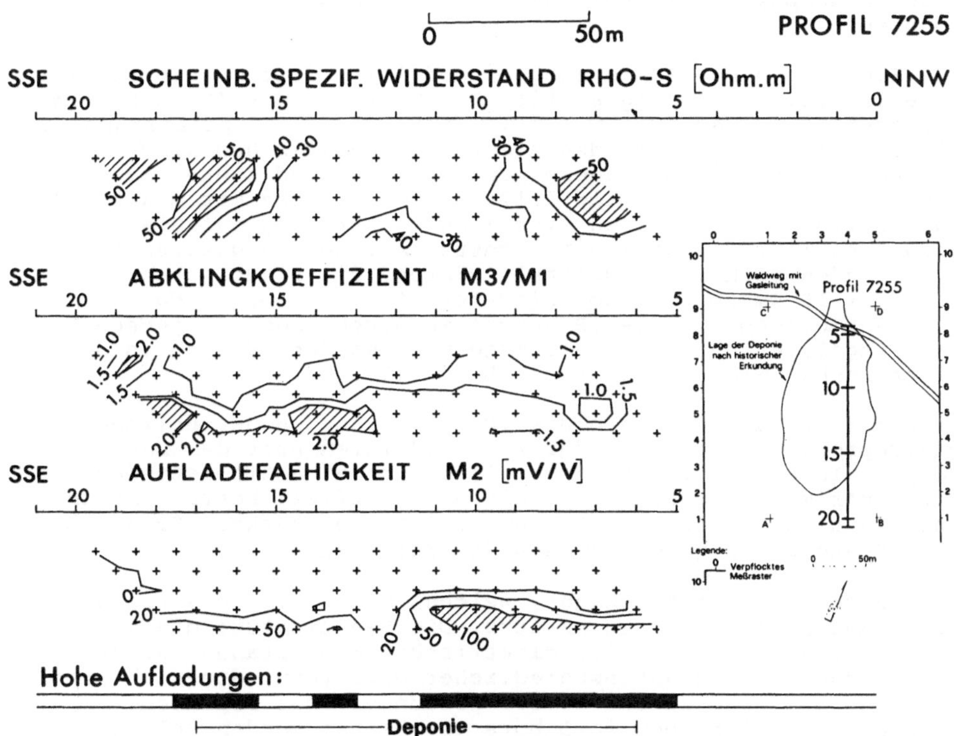

Bild 3.16. Pseudoprofil-Darstellung einer IP-Messung in Dipol-Dipol-Anordnung mit 5 verschiedenen Dipolabständen (von 12,5 bis 62,5 m) am Modellstandort Leonberg (Untersuchungen: NLfB, Hannover; [15])

Die Aufladefähigkeit (M_2) zeigt im Bild 3.16 eine völlig andere Anordnung als die scheinbaren spezifischen Widerstände (RHO-S), die am NNW-Ende des Pseudoprofils nur von 25 Ωm bis auf über 50 Ωm ansteigen. Da aus der historischen Erkundung bekannt ist, daß in diese Deponie galvanische Schlämme eingelagert worden sind, wurde vermutet, daß diese die Ursache der speziellen Anomalien sind. Derartige Schlämme sind u.a. am NW-Rand der Deponie erbohrt worden.

Eine für IP geeignete, spezielle Frage war die Suche nach galvanischen Schlämmen in dem Deponie-Modellstandort Leonberg. Die Messungen der Induzierten Polarisation sind in Dipol-Dipol-Anordnung mit 5 verschiedenen Dipolabständen (von 12,5 bis 62,5 m) ausgeführt worden. Die korrigierten Meßdaten wurden als Pseudoprofile dargestellt. In Bild 3.16 wird ein typisches Meßprofil wiedergegeben. Besonders auffällig ist ein Bereich extrem hoher Aufladungen > 100 mV/V im unteren Meßniveau im NNW des Profils.

Der Einsatz der IP-Methode hat in Leonberg zusätzliche Erkenntnisse über spezielle Einlagerungen vermittelt, die mit keiner anderen geophysikalischen Untersuchungsmethode gewonnen werden könnten.

Das Ergebnis einer IP-Messung am Modellstandort Osterhofen ist in Bild 3.17 (a-c) dargestellt. Die Meßwerte der IP, d.h. die Aufladefähigkeiten (M_2) für das Meßniveau n=5 (Dipolabstand 50 m) sind im Gegensatz zu den niedrigen spezifischen Widerständen im Deponiebereich im allgemeinen sehr hoch und sinken im Nebengestein erheblich ab (Bild 3.17a). Die Bereiche mit maximalen Aufladefähigkeiten weisen eine andere Anordnung auf als die mit niedrigen Widerständen: Die höchsten Aufladefähigkeiten > 100 mV/V finden sich im SE-Drittel, während die niedrigsten Widerstände < 10 Ωm im Zentrum auftreten. Hieraus folgt, daß in dieser Hausmülldeponie die IP-Anomalien durch andere Eigenschaften der eingelagerten Stoffe hervorgerufen werden müssen als die elektrischen Widerstände (vgl. Bild 3.9).

Bilder 3.17b und c zeigen die IP-Ergebnisse in der üblichen Pseudoprofil-Darstellung für zwei Meßlinien über dem Deponiekörper. In Bild 3.17b sind Bereiche minimalen Widerstandes sowie maximaler Aufladefähigkeiten schraffiert hervorgehoben. Auch in dieser Profildarstellung tritt die stärkere Gliederung der IP-Anomalien gegenüber den Widerständen hervor.

Allerdings ist nicht bekannt, welches Material diese besonders hohen Aufladefähigkeiten besitzt. Die Beantwortung dieser Frage erfordert die Kenntnis der elektrischen Widerstände und der Aufladefähigkeiten unterschiedlicher Mülltypen, die noch nicht vorliegt und erst durch weitere Messungen über Deponien und/oder an Müllproben in Labors erarbeitet werden sollte.

Bild 3.17c bildet die charakteristische Veränderung der Meßwerte beim Übergang von der Deponie zum trockenen Kies als Nebengestein ab: der scheinbare spezifische Widerstand steigt von ca. 20 Ωm auf > 100 Ωm, die Aufladefähigkeiten fallen von Werten > 50 mV/V bis ins Negative ab.

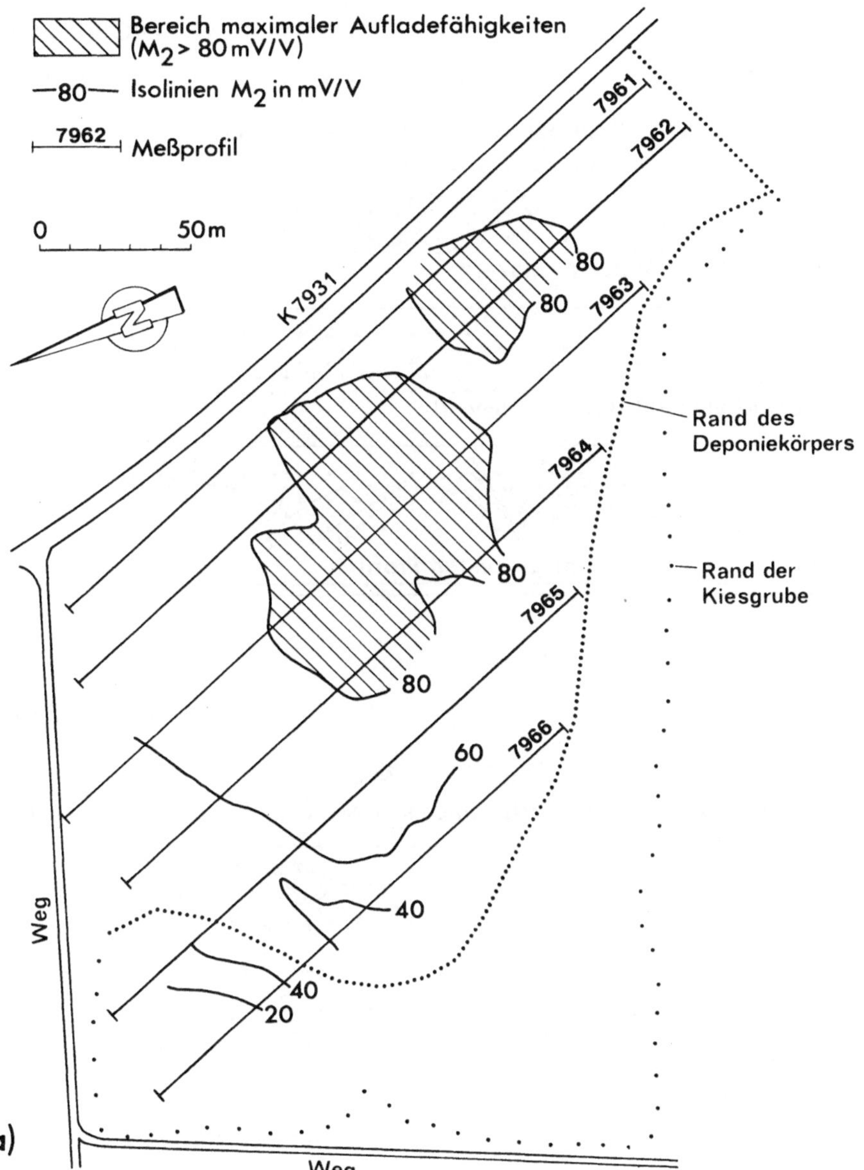

Bild 3.17. Ergebnis von IP-Messungen in Dipol-Dipol-Anordnung mit 5 verschiedenen Dipolabständen von 10 bis 50 m am Modellstandort Osterhofen (Untersuchungen: NLfB, Hannover; [25]), **a)** Isolinienkarte der Aufladefähigkeit M_2 für das Meßniveau n=5 (Dipolabstand 50 m), **b)** (nächste Seite) Pseudoprofil-Darstellung für Meßprofil 7963, **c)** (nächste Seite) Pseudoprofil-Darstellung für Meßprofil 7966

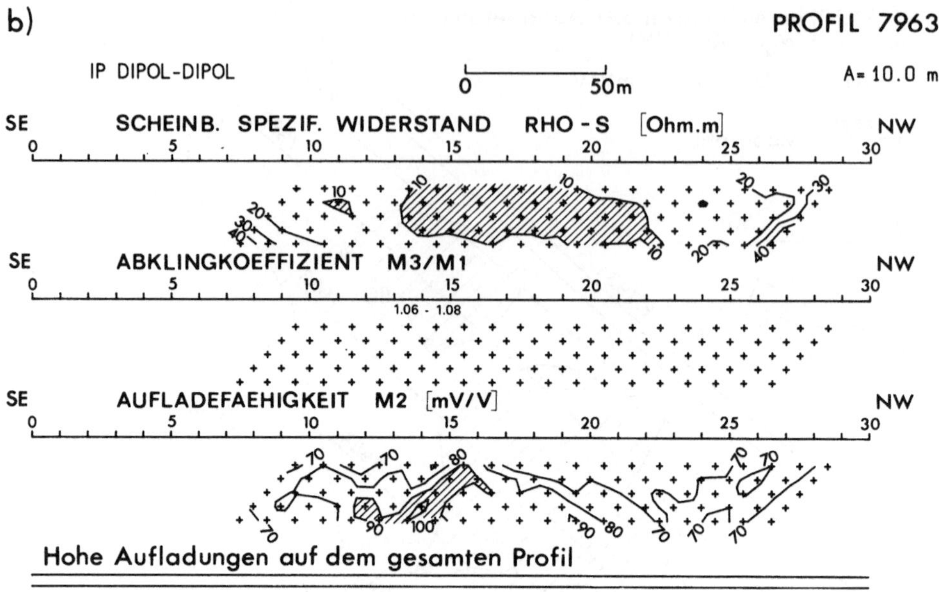
b)
PROFIL 7963
IP DIPOL-DIPOL
0 50m
A= 10.0 m
SE SCHEINB. SPEZIF. WIDERSTAND RHO-S [Ohm.m] NW
SE ABKLINGKOEFFIZIENT M3/M1 NW
1.06 - 1.08
SE AUFLADEFAEHIGKEIT M2 [mV/V] NW
Hohe Aufladungen auf dem gesamten Profil

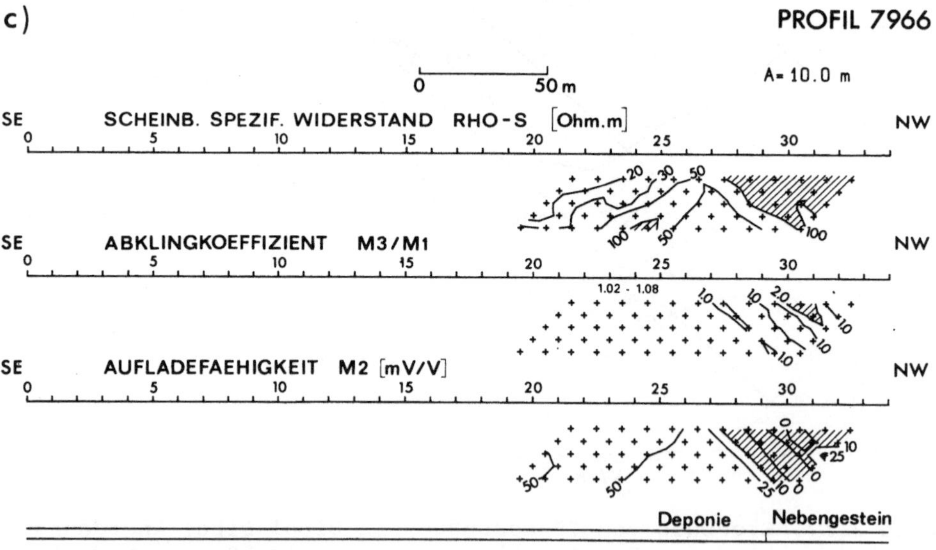
c)
PROFIL 7966
0 50 m
A= 10.0 m
SE SCHEINB. SPEZIF. WIDERSTAND RHO-S [Ohm.m] NW
SE ABKLINGKOEFFIZIENT M3/M1 NW
1.02 - 1.08
SE AUFLADEFAEHIGKEIT M2 [mV/V] NW
Deponie
Nebengestein

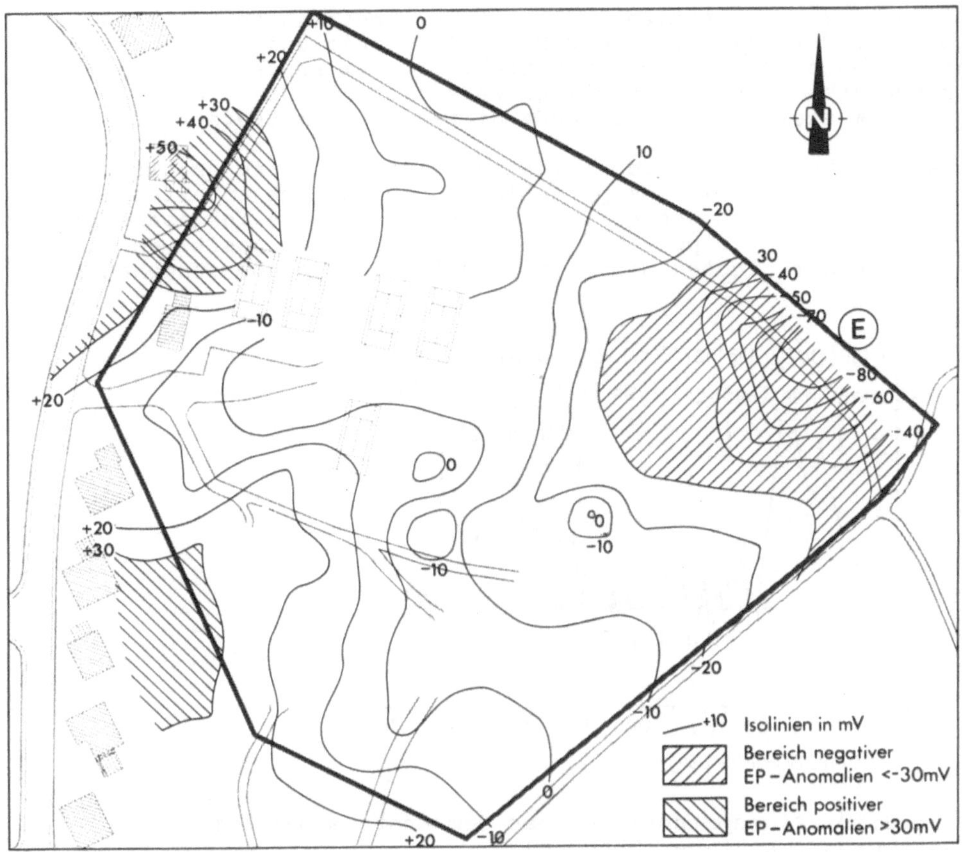

Bild 3.18. Isolinien des elektrischen Eigenpotentials am Modellstandort Bitz (Untersuchungen: Geophysik Consulting GmbH, Kiel; [28])

Hieraus ergibt sich, daß es mittels IP-Messungen möglich ist, Hausmüll vom Nebengestein zu unterscheiden. Diese Möglichkeit besteht auch in dem Fall, wenn die elektrischen Widerstände in der Altlast und im Nebengestein gleich sein sollten, d.h. eine Abgrenzung mit Hilfe des elektrischen Widerstandes nicht möglich ist.

Eigenpotentialmessungen

In Bild 3.18 wird eine Karte der Eigenpotentialverteilung am Modellstandort Bitz dargestellt. Die Messungen wurden in einem 15 x 15 m Raster vorgenommen. Positive Potentiale von > +30 mV fanden sich nur im Westen, negative Potentiale < -80 mV (Bereich "E") nur im Osten der Deponie.

Diese Anomalien stimmen weder mit der Oberflächenmorphologie, noch mit der Ausdehnung der Hausmülldeponie und - nach den Ergebnissen der Seismik - auch nicht mit dem anstehenden Untergrundgestein überein. Möglicherweise ist für diese Anomalie das an einem Steilhang austretende Sickerwasser mitverantwortlich.

Dieses Meßbeispiel verdeutlicht die Interpretationsschwierigkeiten, welche dem Eigenpotentialverfahren noch anhaften können. Es wäre auch denkbar, daß sich die Deponie insgesamt als W-E gerichteter Dipol abzeichnet, oder daß die positiven Werte im W von der dichten Bebauung jenseits der Straße ausgehen.

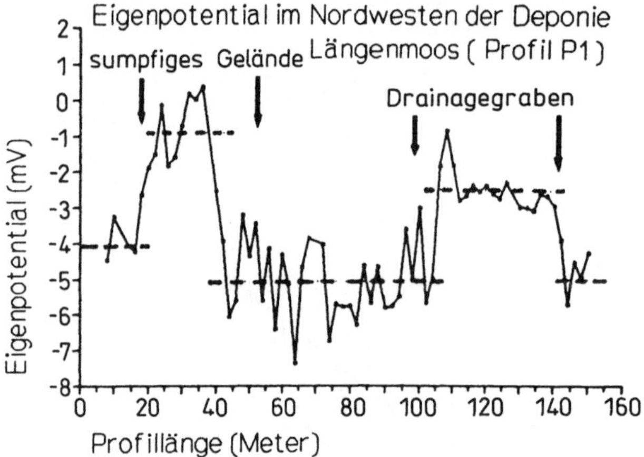

Bild 3.19. Eigenpotentiale über dem Abstrom der Deponie Längenmoos (Ch. Wege, München).

Im Abstrom der Deponie Längenmoos im Landkreis Fürstenfeldbruck hat sich eine Schadstoffahne ausgebildet, die durch Bestimmung der Ammoniumgehalte des Grundwassers aus Pegelbohrungen abgegrenzt wurde. Es sind Eigenpotentialmessungen in einem Meßnetz von 5 x 2 m^2 durchgeführt worden. Das Ergebnis wird im Bild 3.19 dargestellt.

Es wurden keine signifikanten EP-Anomalien über den Schadstoffen im Grundwasser festgestellt. Die Schwankungen der Eigenpotential-Mittelwerte, die als gestrichelte Linien dargestellt sind, werden als die Auswirkungen von wechselnden, oberflächennahen Wassersättigungen in einem Sumpfgebiet oder einem drainierten Bereich angesehen. Die Eigenpotentialmessungen lieferten demzufolge keinen Hinweis auf die Verbreitung der Schadstoffe im Grundwasser.

Auch über den Ablagerungen der Deponie Längenmoos wurden Eigenpotentialmessungen vorgenommen (Bild 3.20). Sie wiesen eine kleinräumige Störung auf der Deponie nach, deren Ursache nicht bekannt ist. Der Rand der Deponie hat nur im Profil P 3 ein kleines Minimum hervorgerufen. Im 25 m entfernten Profil P 4 ist dieser Rand jedoch nicht mehr zu erkennen.

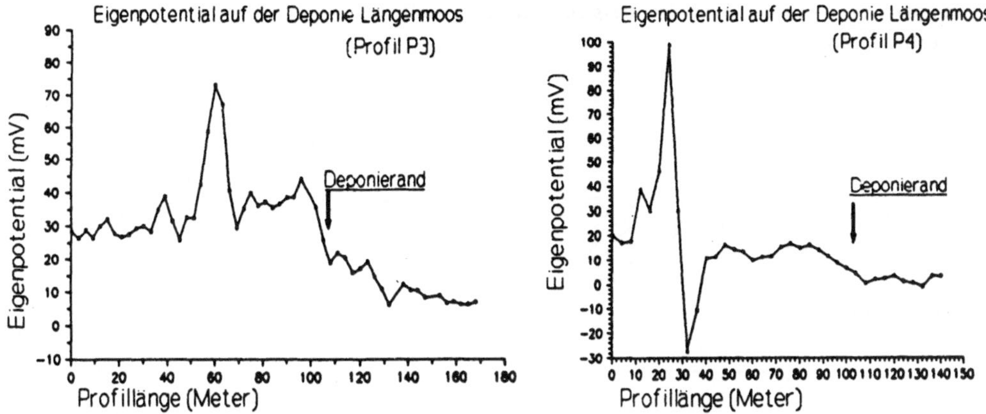

Bild 3.20. Eigenpotentiale der Deponie Längenmoos (linke Seite)

Eine weitere, hier nicht ersichtliche Einschränkung für das Eigenpotentialverfahren, ergibt sich aus kurzzeitig, und häufig nur lokal auftretenden Variationen des Potentialfeldes, welche vermutlich durch zivilisatorische Einflüssse, wie z.B. den Schaltvorgängen von Hochspannungen, entstehen.

Diese Schwankungen können die Meßspannungen übersteigen und die Ergebnisse erheblich verfälschen. Sie werden am besten eliminiert, indem viele Meßsonden in kurzen Abständen gleichzeitig durchgemessen werden. Die übliche kontinuierliche Registrierung einer Basisstrecke außerhalb des Meßprofils reicht dafür nicht aus. Das Meßbeispiel in Bild 3.21 stellt das Ergebnis einer derartigen "Eigenpotential-Scannermessungen" an einer Deponie vor.

3.1.4 Wechselstomgeoelektrik

Elektromagnetische Kartierung

Dieses Verfahren ergibt ähnliche Resultate wie die Gleichstromkartierung, es ist jedoch schneller durchzuführen und, da keine Elektroden geerdet werden müssen, kostengünstiger. Es werden die Widerstandskontraste der Stoffe über dem Ort ihrer Ablagerung aufgezeichnet, wobei sich Material mit guter Leitfähigkeit wie Metalle, salzige Deponiewässer etc. am besten nachweisen lassen.

Die Tiefenwirkung hängt von den verwendeten Frequenzen ab (siehe Abschn. 2.2.2). Als am besten geeignet erwiesen sich die Frequenzen von 800 Hz bis 7000 Hz. Bei höheren Frequenzen >12 kHz, die z.B. in der VLF-Methode eingesetzt werden, kann es jedoch geschehen, daß bereits geringmächtige tonige Abdeckungen nicht mehr durchdrungen werden können.

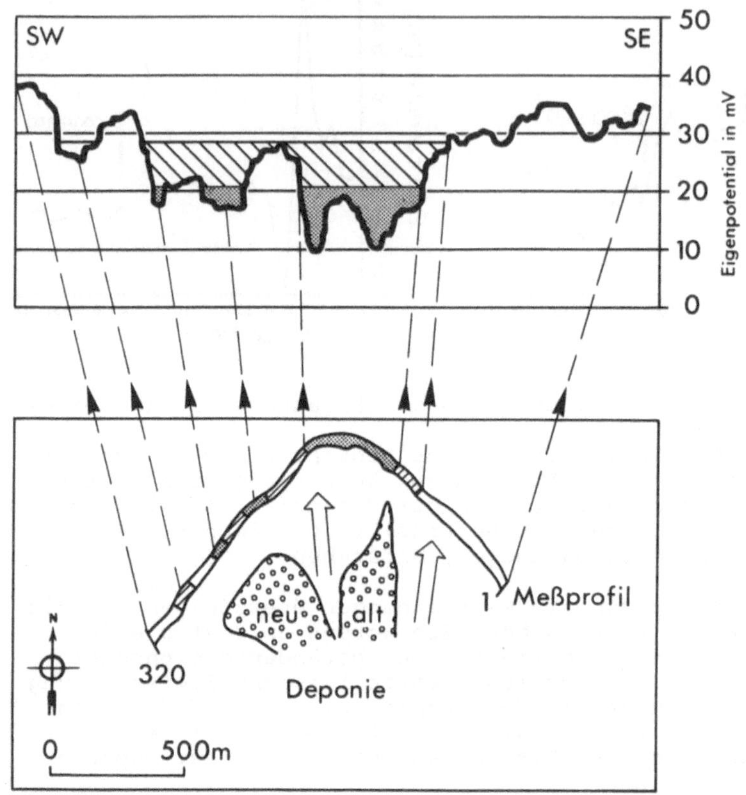

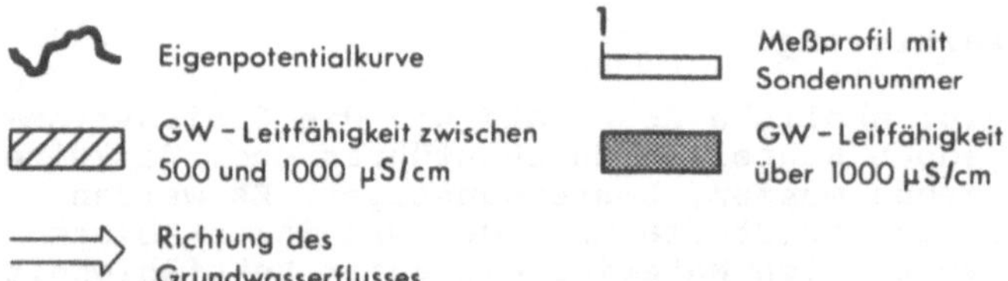

Bild 3.21. Eigenpotential-Scannermessung im Abstrombereich einer Deponie [19]

Bild 3.22 stellt das Ergebnis von EM-Messungen am Modellstandort Mühlacker vor. Die elektromagnetische Kartierung mit einer koplanaren, horizontalen Spulenanordnung (Auslagenlänge 50 m, Sendefrequenzen 888, 1777 und 3555 Hz) konnte die Lage dieser Sondermülldeponie (Schadstoffinventar CKW und Schwermetalle) nachweisen. Dargestellt ist ein Profil der EM-Meßwerte: Inphase und Outphase über der Deponie. Diese hebt sich als breites, flaches Minimum aller Phasen und Frequenzen heraus. Daraus folgt, daß die Deponie einen noch geringeren spezifischen Widerstand hat als die tonigen Schichten des Keupers, der das Nebengestein bildet.

Zu bemerken ist, daß die Abdeckfolie über der Deponie, die eine isolierende Schicht darstellt, offensichtlich keine Erhöhung der EM-Werte und damit des Widerstandes bewirkt hat. Es wird vermutet, daß dieser unerwartete Effekt durch Perforationen der Abdeckfolie durch Pegelbohrungen etc. erzeugt wird. Demzufolge kann die EM-Kartierung auch zur Untersuchung der Dichtigkeit von Abdeckfolien eingesetzt werden.

Am Modellstandort Leonberg wurde ebenfalls eine elektromagnetische Kartierung mit horizontaler Spulenanordnung durchgeführt (Bild 3.23), bei der mit 2 verschiedenen Auslagenlängen von 20 m und 40 m bei einem Meßpunktabstand von 5 m sowie mit 6 verschiedenen Frequenzen im Bereich 110 Hz bis 56 KHz gemessen wurde. Aus den registrierten Phasenwerten der Messung mit 20 m Auslage wurde eine Isolinienkarte der Leitfähigkeiten des Untergrundes in mS/m (Millisiemens pro Meter) ermittelt.

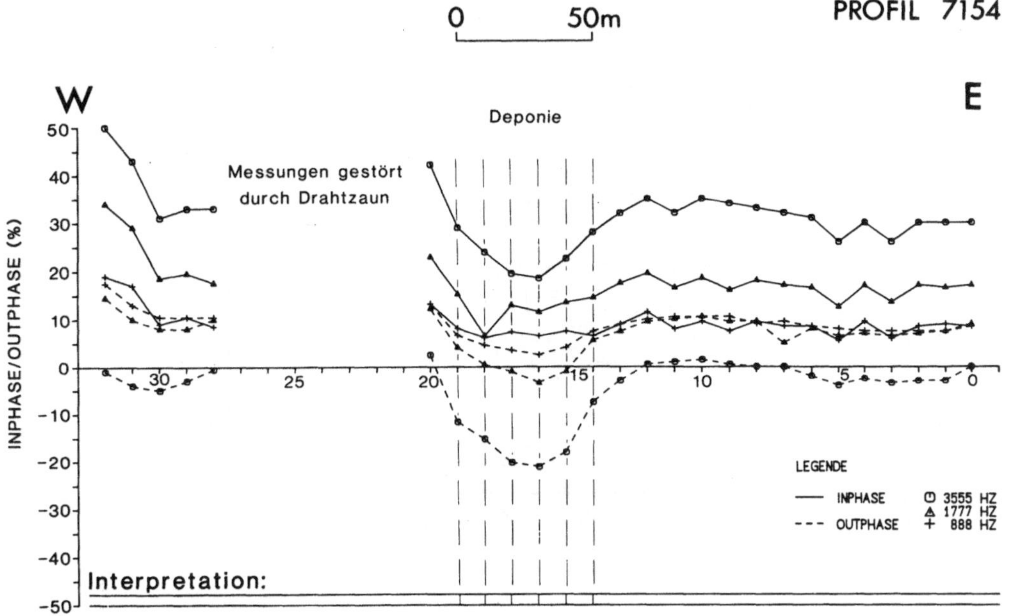

Bild 3.22. EM- Profil: In- und Outphase für drei Frequenzen über der Sondermülldeponie Mühlacker (NLfB-GGA, Hannover)

In ihr zeichnet sich deutlich die ovale Deponieumrandung ab, wobei der Deponiekörper hohe Leitfähigkeiten > 50 mS/m aufweist mit Maximalwerten bis zu 100 mS/m, während in der Umgebung der Deponie nur Leitfähigkeiten von etwa 15 bis 30 mS/m gemessen wurden. Nördlich der Deponie ergeben sich sehr markante Anomalien, die den Verlauf einer im Untergrund verlegten Gasleitung widerspiegeln. Das Ergebnis dieser EM-Kartierung bestätigt sehr gut das am gleichen Standort (vgl. Abschn. 3.1.3) mit IP und Geoelektrik erzielte Resultat.

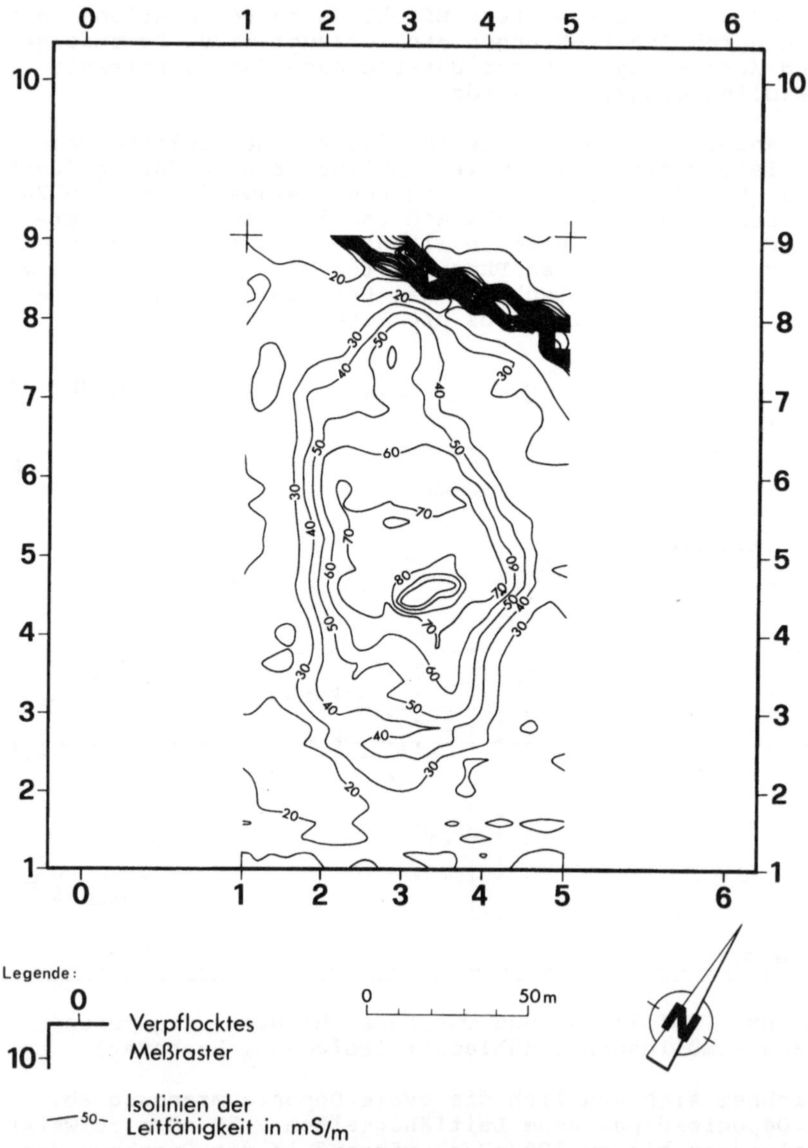

Bild 3.23. Isolinienkarte der Leitfähigkeit in mS/m nach einer elektromagnetischen Kartierung am Modellstandort Leonberg (THOR Geophysikalische Prospektion GmbH, Kiel; [15])

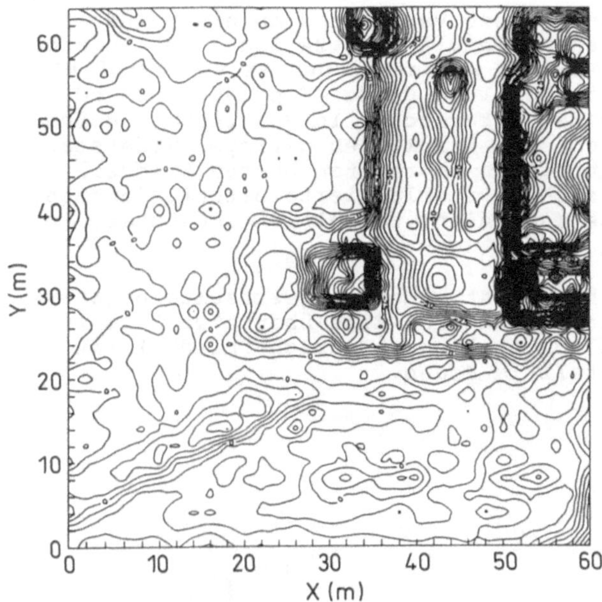

Bild 3.24. EM-Isolinienkarte (**Inphase 7040 Hz**) einer Industriebrache, 5 % Isolininenabstand (Thor GmbH, Kiel).

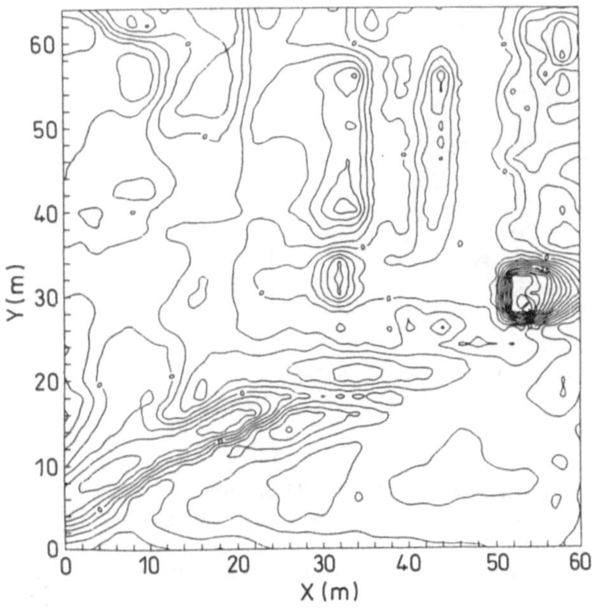

Bild 3.25. EM-Isolinienkarte (**Outphase 7040 Hz**) einer Industriebrache 5 % Isolininenabstand (Thor GmbH, Kiel).

Die erfolgreiche Anwendung dieses Verfahrens an einer Industriebrache veranschaulichen die Bilder 3.24 und 3.25. In einem Meßnetz mit 2x2 m^2 Maschenweite wurde ein Gebiet von 64x60 m^2 mit dem Meßgerät "MAXMIN", bei 10 m Sender-Empfängerabstand und der Meßfrequenz von 7040 Hz, untersucht. In den Inphase-Meßdaten im Bild 3.24, zeichnen sich Strukturen geringen Widerstandes in rechtwinkeliger Anordnung im rechten oberen Bildteil deutlich ab. Es handelt sich um stahlarmierte Betonfundamente, die auch von den Outphase-Isolinien, wenngleich schwächer, im Bild 3.25 nachgezeichnet werden.

In beiden Bildern bzw. Phasen ist eine langgestreckte negative Anomalie, die von der linken, unteren Ecke über etwa 35 m zur Bildmitte verläuft, deutlich sichtbar. Wahrscheinlich liegt hier eine Leitung aus Metall im Boden.

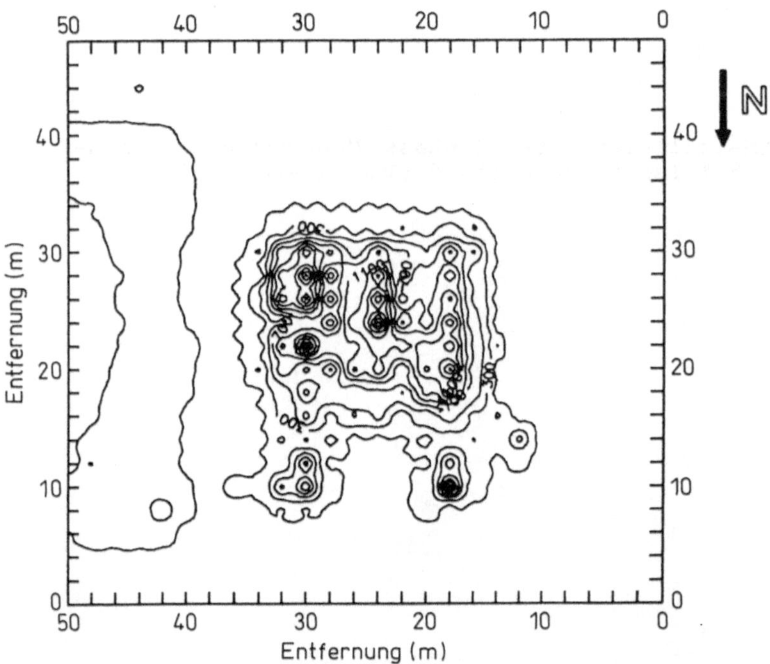

Bild 3.26. EM-Isolinienkarte eines unterirdischen Bunkers mit 3 Metallbehältern, in denen Chemikalien vermutet wurden.

In den Bildern 3.26 und 3.27, die auf die elektromagnetische Kartierung eines Meßnetzes mit 2 m Maschenweite zurückgehen, ist deutlich der Umriß eines Bunkers und darin eine Dreigliederung zu erkennen. Diese Gliederung geht vermutlich auf die drei gesuchten chemikalienhaltigen Metallbehälter zurück.

In diesem Fall war die Elektromagnetik erfolgreicher als die Magnetik (Bilder 3.5 und 3.6), da letztere nur den Umriß des verborgenen Bunkers nachzeichnete, aber nicht in der Lage war, das Magnetfeld der Stahlarmierung zu durchdringen und die einzelnen Metallbehälter zu orten.

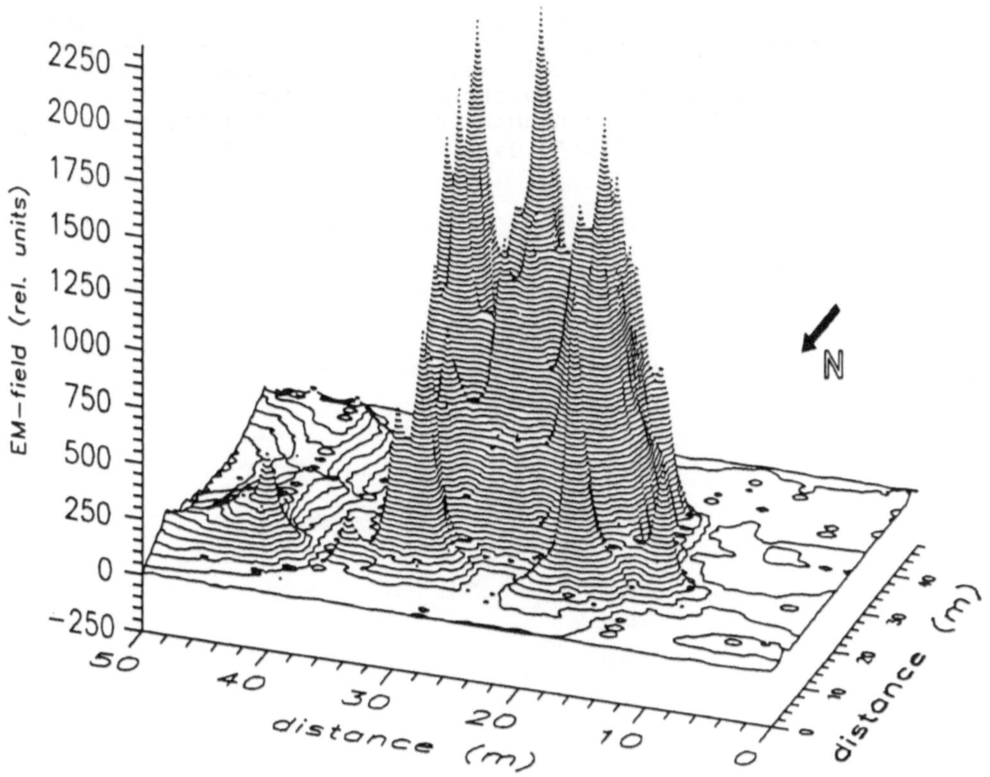

Bild 3.27 Raumbild des elektromagnetischen Feldes (Inphase) über einem überdeckten Bunker.

Bodenradar

Dieses relativ neue Verfahren zeichnet sich durch technische Perfektion und brilliante Darstellungen von Reflexionsprofilen aus, die bereits im Gelände erstellt werden können. Schwierigkeiten bereitet die Bestimmung der Eindringtiefe, die bei hohen Meßfrequenzen von > 10 MHz und tonigen Ablagerungen nur wenige Dezimeter betragen kann. Die Wiedergabe von zahlreichen EM-Reflexionshorizonten entspricht seismischen Ergebnissen und verleitet zu Überinterpretationen.

Die Anwendung des Bodenradars auf eine Industriebrache am Modellstandort Geislingen (Gaswerksgelände) umfaßte die Vermessung von Profilen im Abstand von 0,5 m mit einer Sende- und Empfangsfrequenz von 300 MHz (Bild 3.28). Trotz engstehender Bebauung und industriellen Installationen hat diese Methode gute Resultate erzielt: Es ließen sich eine Anzahl von Einzelobjekten orten, deren Entdeckung, insbesondere der schadstoffverdächtigen Fässer und Tanks, wichtig war.

Auch der Nachweis von linienhaften Strukturen, d.h. von Leitungen, Abwasserkanälen etc., ist in diesem Industriegelände gelungen. Das Bodenradar hat bei dieser Anwendung den Vorteil gegenüber den gebräuchlichen elektromagnetischen Leitungssuchgeräten, daß auch nichtmetallische Leitungen, wie z.B. Abwasserkanäle oder Tonröhren geortet werden können.

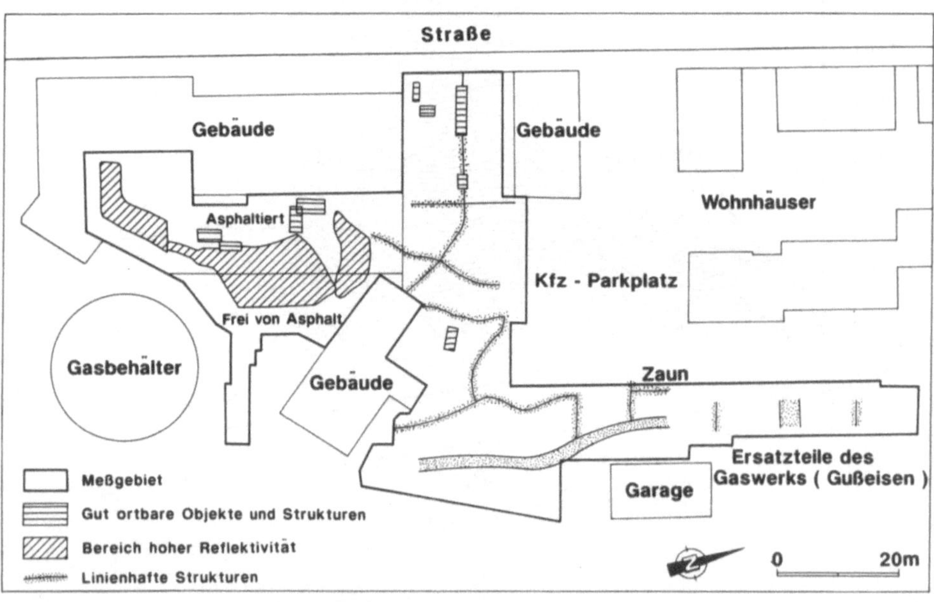

Bild 3.28. Bodenradar-Erkundung des Gaswerksgeländes Geislingen (Gesellschaft für Geophysikalische Untersuchungen, Karlsruhe; [14])

Bild 3.29 gibt die Ergebnisse des Bodenradars am Modellstandort Osterhofen in Form eines Profilschnittes wieder. Er enthält Indikationen für verschiedene Materialien und ihre Kompaktheit nahe der Erdoberfläche. Weitere Aussagen über den Deponiekörper lassen sich nicht ableiten. Hier gilt, daß noch weiter erkundet werden muß, welche Einlagerungen sich im Radargramm abzeichnen und welche keine Radar-Reflexionen erzeugen.

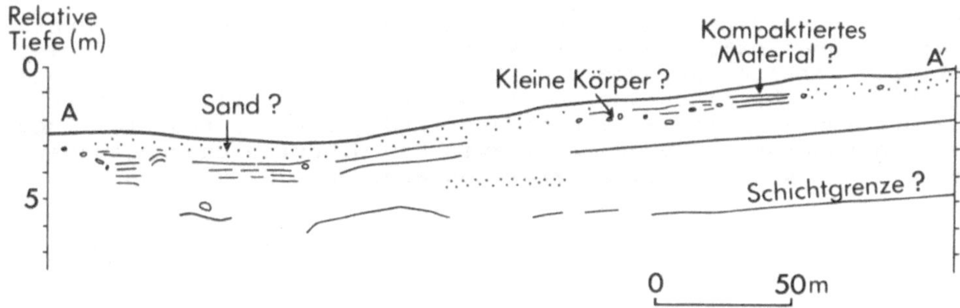

Bild 3.29. Bodenradar-Profilschnitt am Modellstandort Osterhofen (R. Buchholz Büro für Ingenieurgeophysik, Heiligenberg; [25])

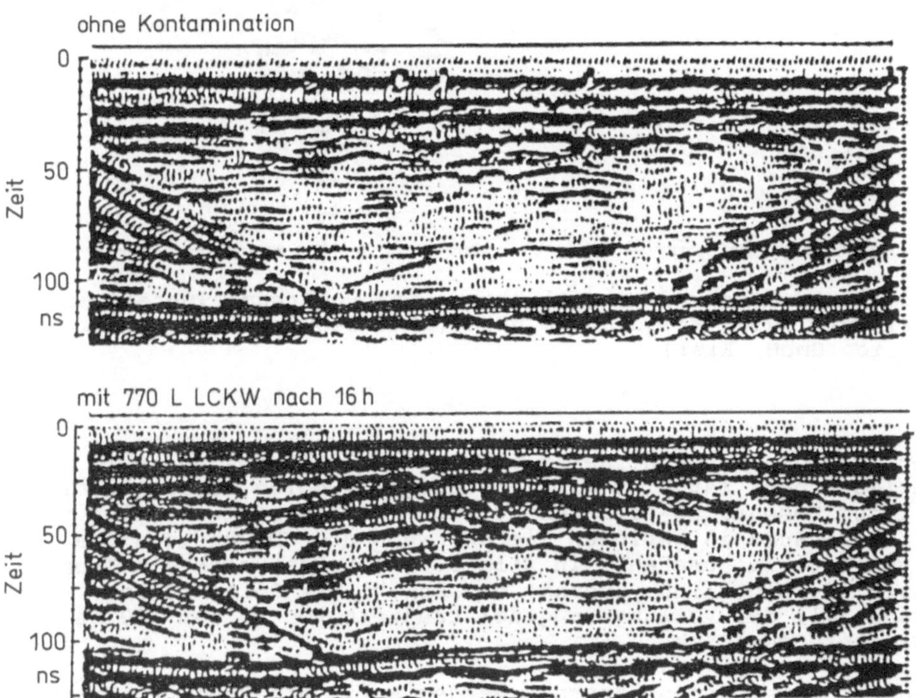

Bild 3.30. Oberes Radargramm: vor Einleitung von 770 Litern LCKW in geschichteten Sand. Unten: 16 Stunden später, Meßfrequenz 200 MHz. (P. Annan, M. Brewster, Waterloo Center, Kanada)

Bild 3.30 verdeutlicht, daß die in den Reflexionen der Bodenradarmessungen erkennbaren Strukturen i.A. nicht direkt auf bestimmte Materialien, wie z.B. Teeröl- oder LCKW-Durchtränkungen (LCKW = leicht flüchtige Chlorkohlenwasserstoffe) zurückgeführt werden können. Die Methode erlaubt lediglich die Feststelllung von Veränderungen in der Zeit zwischen Wiederholungsmessungen oder indirekte Vergleiche zwischen ähnlichen Strukturen.

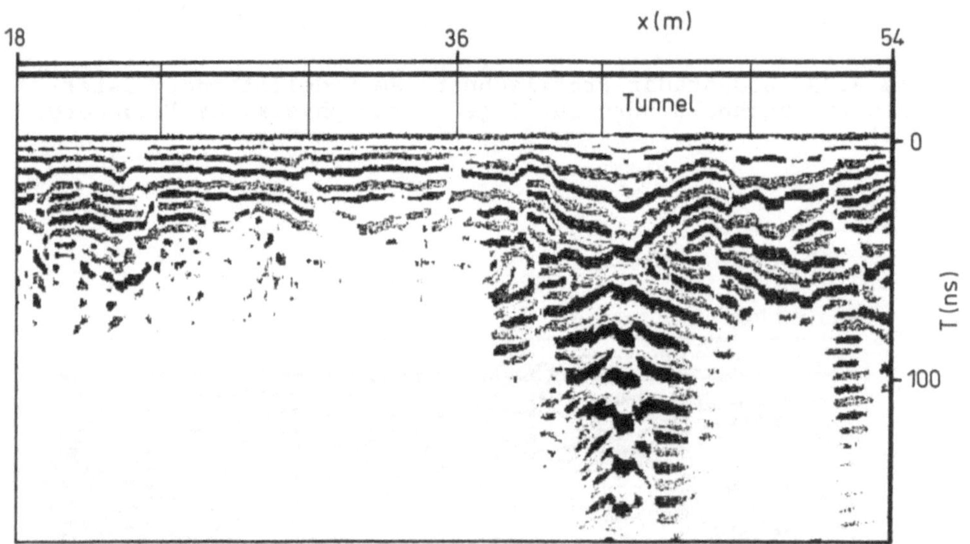

Bild 3.31. Bodenradarprofil über einem Hohlraum (Tunnel) in geringer Tiefe. Frequenz 80 mHz. (Thor Geophysikalische Prospektion GmbH, Kiel)

Der Nachweis von Hohlräumen in Altlasten, insbesondere in Industriebrachen, ist eine wichtige Aufgabe, deren Lösung am besten mit dem Bodenradarverfahren gelingt. Allerdings gilt dies nur für Hohlräume in geringen Tiefen, wenn die Überdeckung aus tonigem Material besteht. In Bild 3.31 zeichnet sich ein Tunnel durch die plötzliche Zunahme der Anzahl der Reflexionen, verbunden mit der Verlängerung der Laufzeit von 50 auf 150 ns (Nanosekunden), ab.

Bodenradarmessungen können außerdem bei vielen anderen Fragestellungen eingesetzt werden. Wichtig ist, daß stets die Relation zwischen vermutlicher Objekttiefe und der Eindringtiefe der Radarsignale sorgfältig beachtet wird. Es ist nicht immer möglich, einzelne Reflexionen bestimmten Strukturen zuzuordnen; dies gilt auch dann, wenn aufwendige Auswerteverfahren der Seismik, wie z.B. das Migrationsverfahren, angewendet wurden.

Elektromagnetische Messungen aus der Luft

Bild 3.32 zeigt eine Isolinienkarte des scheinbaren spezifischen Widerstands nach einer elektromagnetischen Hubschrauber-Vermessung der Bundesanstalt für Geowissenschaften und Rohstoffe in 50 m Höhe über der Hausmülldeponie Altwarmbüchen der Stadt Hannover [6]. Die Deponie besitzt eine hohe elektrische Leitfähigkeit, wobei die Werte des spezifischen Widerstands zum Zentrum hin konzentrisch abnehmen. Die 10 Ωm-Linie fällt etwa mit der Umrandung des Deponiekörpers (dicke Linie) zusammen. (Vgl. auch Bild 3.8).

Auch verdeckte Deponien könnten mit einer solchen Hubschrauber-Vermessung lokalisiert und abgegrenzt werden.

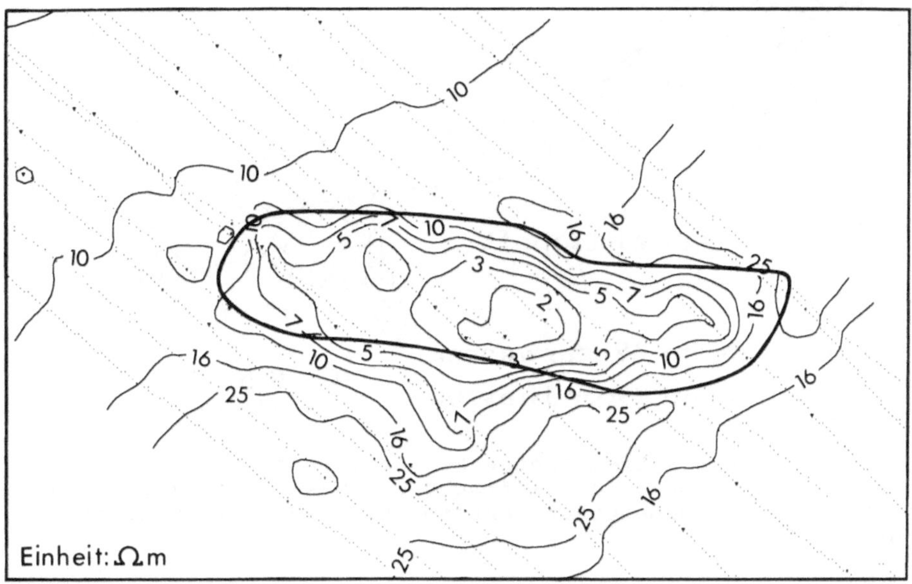

Bild 3.32. Isolinienkarte des scheinbaren spezifischen Widerstands nach einer Hubschrauber-Vermessung der Bundesanstalt für Geowissenschaften und Rohstoffe in 50 m Höhe über der Hausmülldeponie Altwarmbüchen [6]

Die Hubschrauber-Elektromagnetik kann auch bei der regionalen Kartierung der Versalzung oberflächennaher Grundwasserleiter angewendet werden. Als Beispiel dient die Salzfracht der Weser. Im Raum Bremen (Bild 3.33) erniedrigt das Salz aus den mitteldeutschen Kaligruben den spezifischen Widerstand des Weserwassers auf < 6 Ωm. Durch die elektromagnetische Vermessung vom Hubschrauber mit den Frequenzen 385, 3548 und 32922 Hz wurden salinare Schadstoffahnen mit Widerständen, die ebenfalls unter 6 Ωm liegen, festgestellt und ihre Ausbreitung im oberen Grundwasserleiter kartiert. Eine Kartierung des Chloritgehaltes im oberen Grundwasserleiter hat diese Interpretation bestätigt.

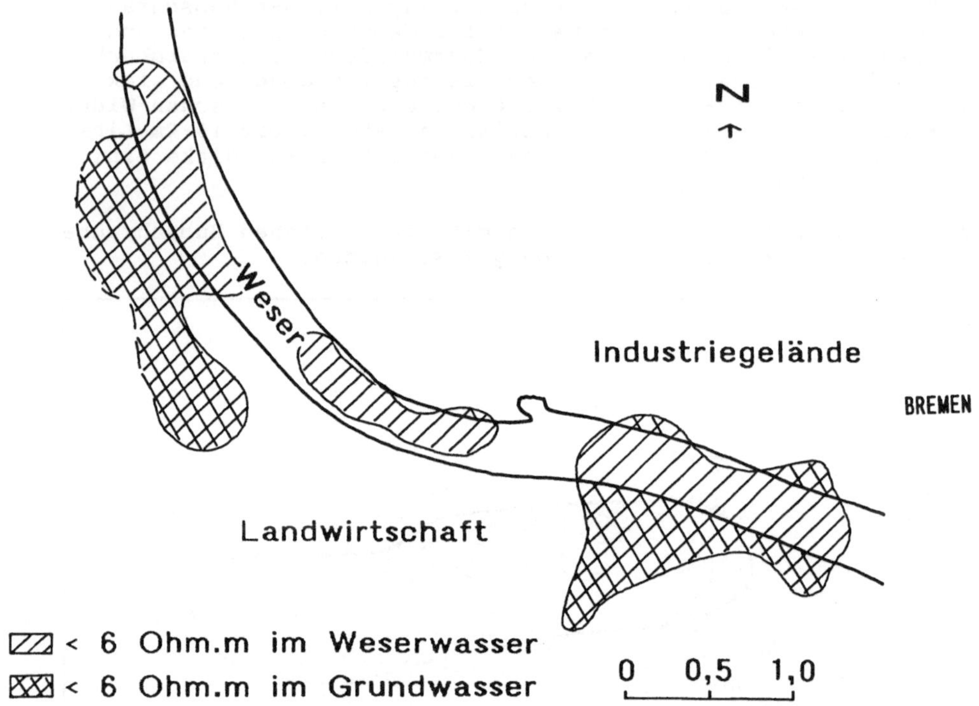

Bild 3.33. Diese elektromagnetische Kartierung vom Hubschrauber hat nachgewiesen, daß die Salzfracht der Weser salinare Schadstoffahnen in das Grundwasser entsendet. (Sengpiel, Röttger, Fluche; BGR)

3.1.5 Seismik

Refraktionsseismik

Die Refraktionsseismik ist in der Lage, flach liegende Gesteinsgrenzen, die durch unterschiedliche seismische Geschwindigkeiten gekennzeichnet werden, aufzuzeichnen. Das Verfahren ist auch in geringen Tiefen wirksam und wird häufig zur Feststellung von Lockergesteinsmächtigkeiten bzw. des Festgesteinsreliefs eingesetzt. Da Eintiefungen im impermeablen Festgestein Sickerwassersammler oder -fließwege sein können, ist es möglich, mit der Refraktionsseismik, neben der geoelektrischen Widerstandssondierung, die Ausbreitung von Schadstoffen zu verfolgen. Dagegen kann die Grenze von Deponien gegen Lockersedimente nur dann ermittelt werden, wenn sich die seismischen Geschwindigkeiten deutlich unterscheiden.

Refraktionsseismische Messungen auf 5 Meßprofilen am Modellstandort Leonberg lieferten detaillierte Informationen über das Relief der Oberfläche des Refraktors. Bild 3.34a zeigt ein typisches Schichtprofil. Das Relief der abgedeckten Schilfsandsteinoberfläche im Raumbild Bild 3.34b liefert anschauliche Hinweise auf bevorzugte Wasserfließrichtungen in den Senken des Untergrundes. In diesem Fall traf die Refraktionsseismik auf günstige Bedingungen, denn die seismischen Geschwindigkeiten der lockeren Verwitterungsdecke (510 - 835 m/s) und des Schilfsandsteins (1500 - 2100 m/s) unterscheiden sich erheblich.

Es bestehen indessen nur geringe Kontraste zwischen den seismischen Geschwindigkeiten des Deponiematerials (ca. 800 m/s) und der Verwitterungsdecke. Die Lage dieser Deponie läßt sich deshalb refraktionsseismisch nicht erkunden.

Refraktionsseismische Messungen am Modellstandort Mühlacker wurden mit 2 verschiedenen Geophonabständen (2,5 und 10 m) durchgeführt. Die Deponieränder und die Deponiesohle konnten auch hier aufgrund zu geringer Wellengeschwindigkeitskontraste zum Nebengestein nicht nachgewiesen werden (Bild 3.35).

3 Schichten wurden ausgeschieden (Bild 3.35):
Schicht 1 - Verwitterungsdecke (530-800 m/s)
Schicht 2 - Verwittertes Festgestein (Gipskeuper 900-2200 m/s)
Schicht 3 - Festgestein (Gipsspiegel 1560-4150 m/s)

In den Profilen mit 10 m Geophonabstand (Bild 3.35b) sind die Geschwindigkeiten durchweg höher und der tiefere Refraktor, der in einer Tiefe von ca. 50 bis 70 m liegt, ist deutlich geneigt. Er wird als Verlauf des "Gipsspiegels" innerhalb des Gipskeupers gedeutet, d.h. dem Übergang von ausgelaugtem zu massivem Gips. In diesem Beispiel zeigt sich, daß Veränderungen der horizontalen Lagerung, die hier durch Auslaugung oder "Subrusion" des Gipses vom Liegenden her entstanden sein könnten, die Deutung der Refraktionsergebnisse erschweren.

Im Bild 3.36 wird das Ergebnis einer luftschallseismischen Kartierung über einem Deponierand wiedergegeben. Der Abstand Quelle-Geophon betrug 8 m, der Meßpunktabstand 25 m und die mittlere Signalfrequenz 300 Hz. Während über dem gewachsenen Boden im linken Teil des Profils kurze und weitgehend gleiche Laufzeiten vorherrschen, nehmen diese im Randbereich der Deponie stark zu und bilden damit die Begrenzung der Deponie deutlich ab. Die Luftschallseismik sollte insbesondere zur Aufsuchung verdeckter Deponiegrenzen eingesetzt werden, wenn diese wie Erddeponien weder magnetisch noch elektrisch nachweisbar sind.

Auch bei der besonders schwierigen geophysikalischen Hohlraumortung kann die Kartierung durch die Luftschallseismik zum Erfolg führen. In Bild 3.37 wird das Kartierergebnis eines verdeckten Kanals dargestellt. Seine Seiten bilden sich deutlich durch anomale Laufzeitverkürzungen ab. Dies trat auch auf Parallelprofilen auf, so daß auch die seitliche Erstreckung erkundet werden konnte. Mit dieser Methode konnten bereits Hohlräume bis zu 13 m Überdeckung nachgewiesen werden.

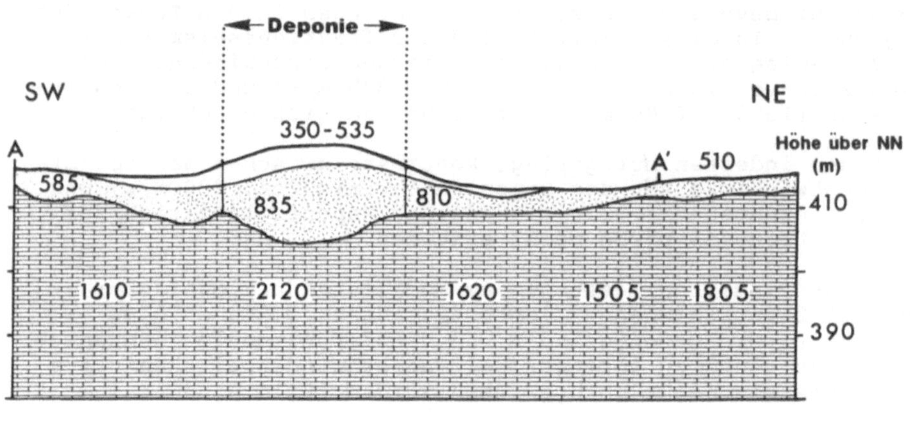

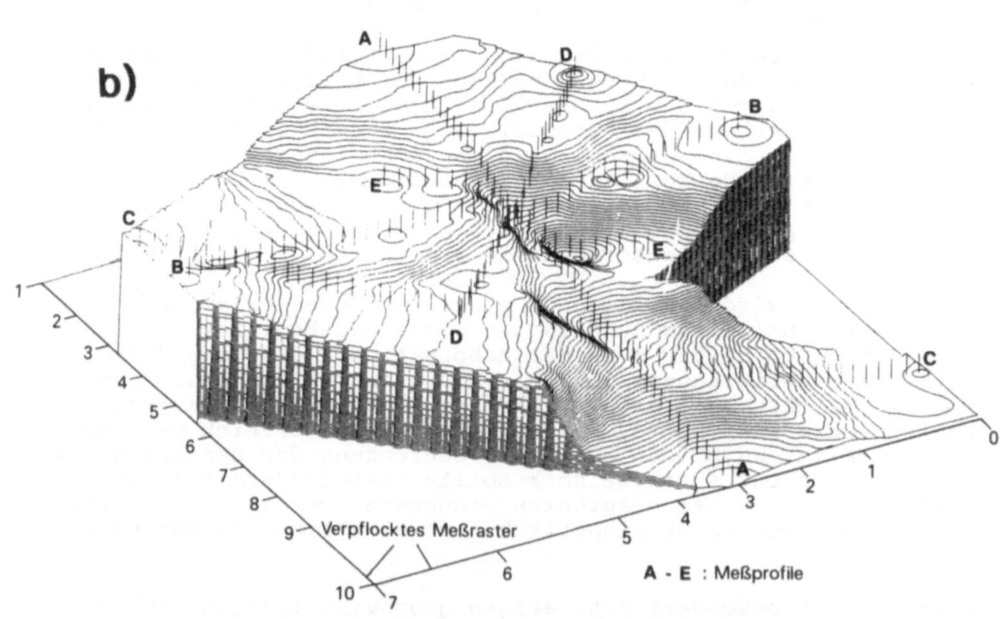

Bild 3.34. Ergebnisse refraktionsseismischer Messungen am Modellstandort Leonberg (THOR Geophysikalische Prospektion GmbH, Kiel; [15]), a) Schichtenmodell für Meßprofil B mit Angabe der seismischen P-Wellengeschwindigkeiten in m/s, b) Raumbild mit Isolinienkarte des Reliefs der Oberfläche des Refraktors

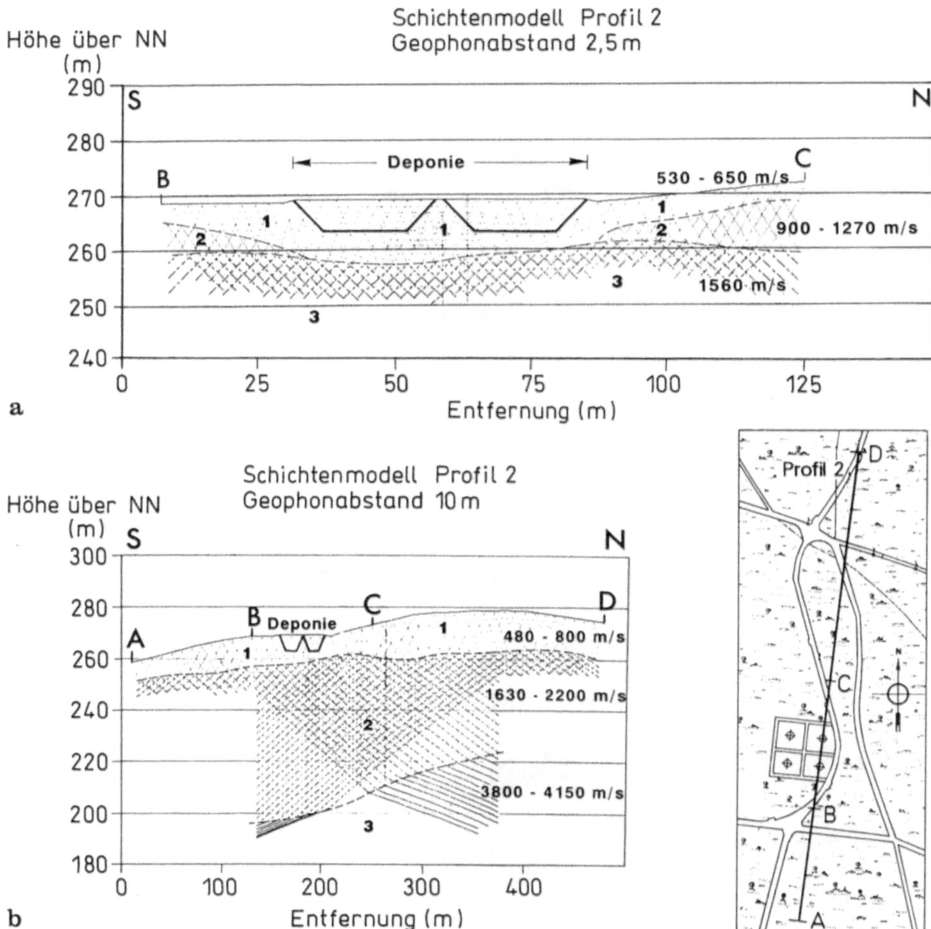

Bild 3.35. Ergebnisse refraktionsseismischer Messungen am Modellstandort Mühlacker (Untersuchungen: Gesellschaft für Baugeologie und -meßtechnik mbH, Rheinstetten; [34]), **a)** Schichtenmodell für ein Meßprofil mit Geophonabständen von 2,5 m, **b)** Schichtenmodell für ein Meßprofil mit Geophonabständen von 10 m

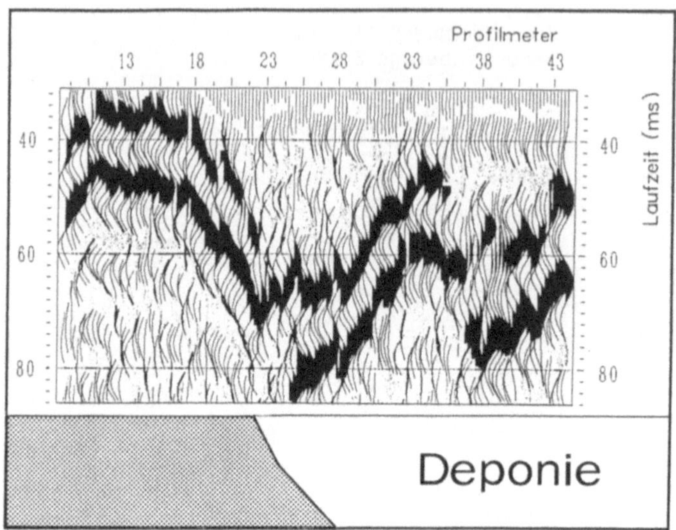

Bild 3.36. luftschallseismische Kartierung eines Deponierandes (Tekoni Innovationen GmbH)

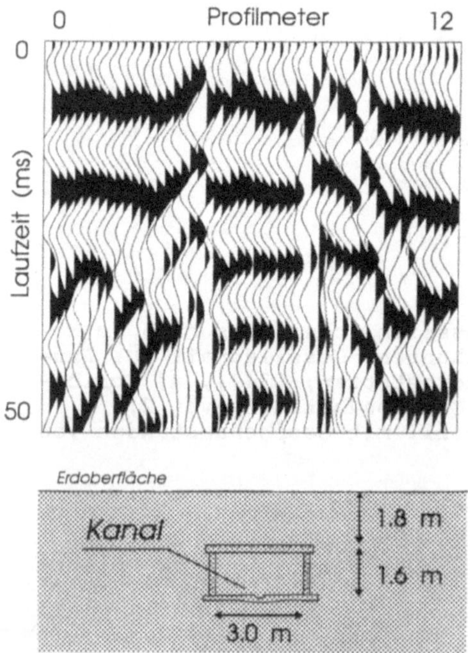

Bild 3.37. luftschallseismische Kartierung eines verdeckten Kanals. Abstand Quelle-Geophon 1 m, Meßpunktabstand 25 m, mittlere Signalfrequenz 200 Hz (Tekoni Innovationen GmbH)

Reflexionsseismik

Während in der Exploration von Erdöl und Erdgas die Reflexionsseismik die wichtigste Methode ist, unterliegt ihre Anwendung im Altlastenbereich noch Einschränkungen. Diese sind hauptsächlich apparativ bedingt, da bisher die Meßgeräte auf hohe Eindringtiefen ausgerichtet wurden. Neue Entwicklungen der Digitalelektronik erlauben es nunmehr seismische Apparaturen zu bauen, die mit hochfrequenter Anregung und extrem hohen "Sampling-Raten" Reflexionshorizonte in Tiefen < 50 m erfassen können.

Dennoch kommt die Reflexionsseismik nicht so sehr für die Erkundung der Altlasten in Betracht, als vielmehr für die Erkundung des tieferen Untergrundes, d.h. für den Nachweis des Schichtenaufbaues und ggf. von Verwerfungen, welche die Ausbreitung von Schadstoffen beeinflussen können.

Reflexionsseismische Messungen am Modellstandort Mühlacker wurden mit Geophonabständen von 10 m durchgeführt. In Bild 3.38a sind keine Hinweise auf die Begrenzung der Deponie enthalten. Die Aussagen beginnen erst ca. 20 m unterhalb der Deponie.

Im Seismogramm (Bild 3.38b) zeichnet sich im nördlichen Teil vermutlich der "Gipsspiegel" als einheitlicher, nach S geneigter Reflektor ab. Nach S hin folgt ein reflexionsloser Bereich, dann ein uneinheitlicher, teilweise durch Versätze gekennzeichneter Verlauf des Reflektors. Hieraus wird auf eine Verwerfung der Schichtgrenze Gipskeuper - Muschelkalk geschlossen (Bild 3.38a).

Auf dieser, nur von der Seismik angezeigten, Verwerfung wurde eine Bohrung bis in den Muschelkalk (110 m Endtiefe) niedergebracht. Bei Pumpversuchen wurden höhere Schüttungen als in anderen Gipskeuperbohrungen erzielt, wodurch die stärkere, bruchtektonische Zerrüttung des Gebirges bestätigt wurde.

Demzufolge hat die Reflexionsseismik in Mühlacker, obwohl sie keine Hinweise auf die Deponie enthielt, eine hydraulisch aktive Zerrüttungszone im tieferen Untergrund am N-Rand der Deponie angezeigt. Dieses Beispiel beweist, daß auch dieses Verfahren, selbst wenn es nur Informationen aus größerer Tiefe liefert, sinnvoll in der Altlastenerkundung eingesetzt werden kann.

Bild 3.39 gibt die Ergebnisse von refraktions- und reflexionsseismischen Messungen entlang eines ca. 700 m langen Meßprofils am Modellstandort Herten wieder. Das Schichtenmodell der Refraktionsseismik unterscheidet 4 Schichten, die als Lockermaterial über und unter dem Grundwasserspiegel (Schichten 1 und 2) sowie verschiedene Schichten des mittleren Muschelkalkes (Schichten 3 und 4) gedeutet werden. Die Lage und Mächtigkeit der Deponie konnte jedoch auch hier nicht ermittelt werden.

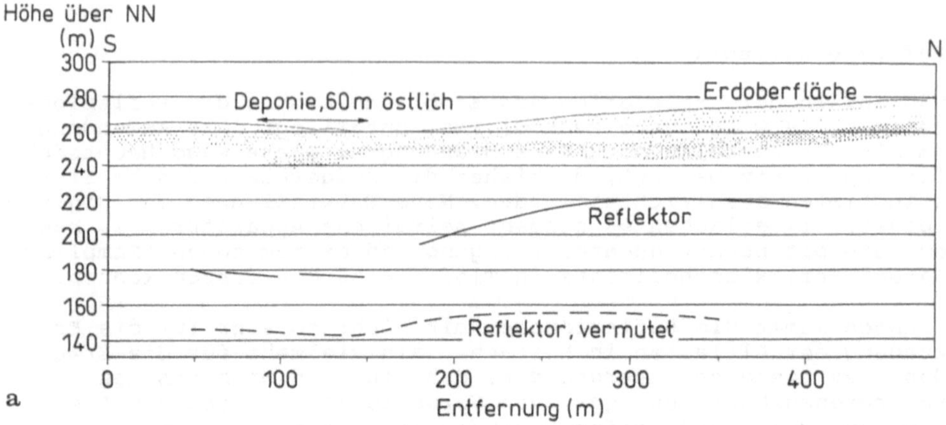

Höhe über NN
(m) S
N
300
280
260
240
220
200
180
160
140
Deponie, 60 m östlich
Erdoberfläche
Reflektor
Reflektor, vermutet
0
100
200
300
400
Entfernung (m)
a

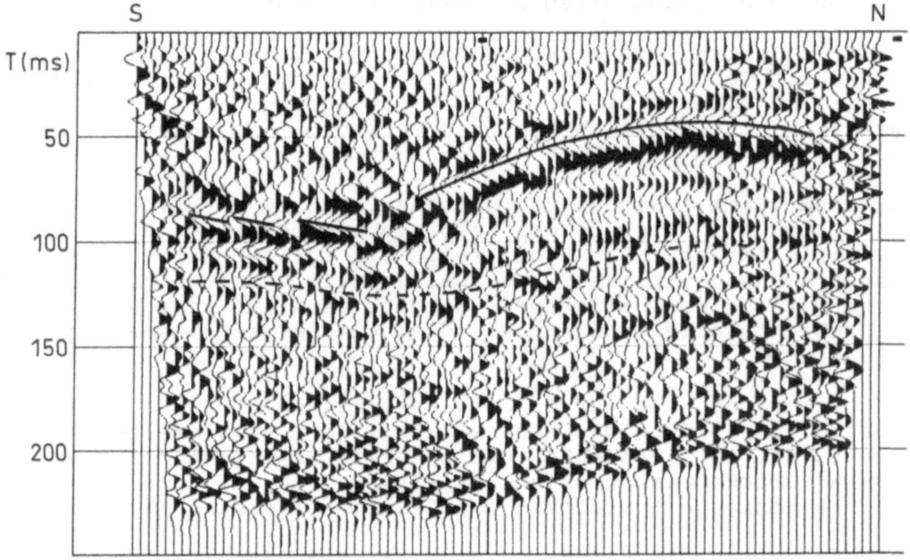

S
N
T (ms)
50
100
150
200
b

Bild 3.38. Reflexionsseismik Mühlacker (Ges.fÜr Baugeologie und -meßtechnik mbH, Rheinstetten; [34]), a) Profil b) Seismogramm

Höhe über NN
(m)
W
E
300
280
260
240
220
200
180
1 : 480 - 750 m/s
2 : 1550 - 1800 m/s
R1
3 : 2200 - 2500 m/s
4 : 3900 - 4200 m/s
Deponie
1
2
3
R2
R3
---- Refraktoren
-·-·- Reflektoren R1, R2, R3
0
100
200
300
400
500
600
700
Entfernung (m)

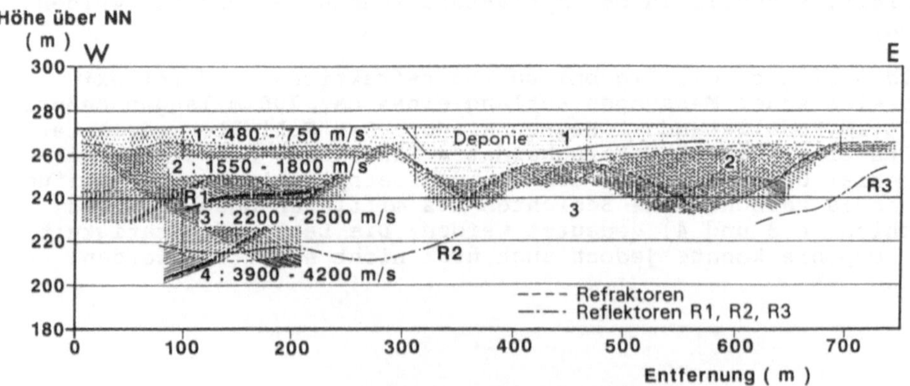

Bild 3.39. Refraktions- und Reflexionsseismik Herten (Ges. f. Baugeologie und -meßtechnik mbH, Rheinstetten; [23])

Mittels der Reflexionsseismik wurden 3 Reflektoren identifiziert (R1, R2, R3). Der Reflektor R1/R2 fällt in etwa mit der Schichtgrenze 2/3 der Refraktionsseismik zusammen, weist aber nicht das starke Relief dieser Grenze auf. Der Reflektor R2/R3 entspricht dem untersten Refraktor, während Reflektor R3 mit der Refraktionsseismik nicht ermittelt werden konnte.

Hieraus geht hervor, daß beide seismische Verfahren unterschiedliche Ergebnisse mit unterschiedlicher Auflösung liefern können und daß die Refraktionsseismik zur Erkundung der Lagerungsverhältnisse um und unter Deponien besser geeignet ist, während die Reflexionsseismik weitgehendere Erkenntnisse für den tieferen Untergrund liefern kann.

3.1.6 Gravimetrie

Die Gravimetrie wurde bisher nur in beschränktem Umfang zur Altlastenerkundung eingesetzt. Die Gründe hierfür sind nicht nur ihre relativ hohen Kosten, sondern auch die Schwierigkeit relativ kleine Körper, wie Deponien oder einzelne Einlagerungen, deren Dichte nur annähernd bekannt ist, als Schwereanomalien zu erfassen. Hinzu kommt, daß die erforderlichen Korrekturen stark vom Relief der Umgebung abhängen, dessen Schwerewirkung die der eingelagerten Stoffe durchaus übersteigen kann.

In Bild 3.40 ist das Ergebnis einer gravimetrischen Vermessung am Modellstandort Mühlacker dargestellt. Das Schwereprofil verläuft entlang eines 200 m langen Meßprofils mit Meßpunktabständen von 10 m auf der Deponie und 20 m in der Umgebung. Die Auswertung der gravimetrischen Meßwerte umfaßte die Freiluft- und topographische Korrektur sowie die Bouguer Korrektur. Nach der Freiluftkorrektur ist die Deponie als schwache negative Schwereanomalie erkennbar. Diese Anomalie verschwindet jedoch durch die Bouguer Korrektur.

Demzufolge ist es unbedingt erforderlich, Schweremessungen an Altlasten vollständig, d.h. unter Einbeziehung der Bouguer Korrektur auszuwerten. In Mühlacker war offensichtlich die Schweredifferenz zum Nebengestein zu gering, um eine Schwereanomalie zu erzeugen.

3.1.7 Geothermik

Geothermische Altlastenerkundungen sind nur dann möglich, wenn eine hinreichend große Wärmestromdichte an der Erdoberfläche vorliegt. Meist ist diese geringer als der Wärmestrom, der durch Sonneneinstrahlung, Regen und andere athmosphärische Effekte hervorgerufen wird. Es ist deshalb erforderlich, geothermische Messungen nur nachts und bei trockenem Wetter vorzunehmen.

Bild 3.41 enthält das Ergebnis einer geothermischen Messung am Modellstandort Bitz. Die Vermessung mit einem Temperaturmeßfühler, der in Bohrlöcher von ca. 50 cm Tiefe eingebracht wurde, erbrachte eine weitgehend homogene Temperaturverteilung im Deponiebereich. Es gibt zwei Ausnahmen: eine positive Anomalie im Bereich der Tennisplätze und eine negative Anomalie im Osten am Steilhang des Deponiekörpers. Die erhöhten Temperaturen werden vermutlich vom dort lagernden Rotkrant zum Bau der Tennisplätze hervorgerufen. Der kältere Abschnitt korreliert ungefähr mit der Eigenpotentialanomalie (siehe Bild 3.18) und kann auf Sikkerwasser hindeuten.

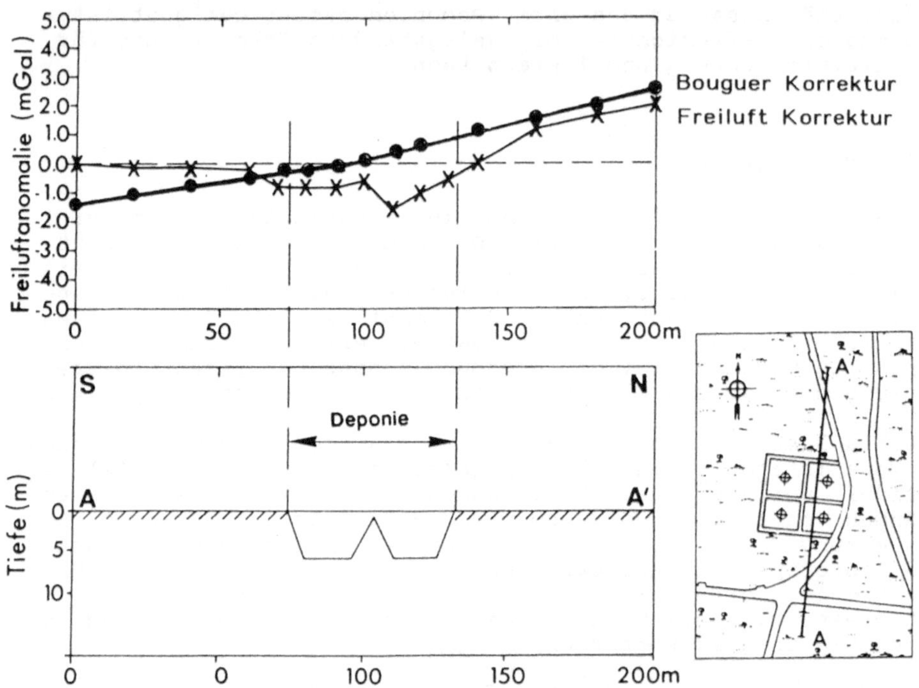

Bild 3.40. Ergebnis einer gravimetrischen Vermessung am Modellstandort Mühlacker nach Durchführung einer Freiluft- und topographischen Korrektur (Untersuchungen: Gesellschaft für Geophysikalische Untersuchungen, Karlsruhe; [34])

Beide geothermischen Anomalien beruhen wahrscheinlich auf Oberflächeneffekten. Es lassen sich offensichtlich keine Hinweise auf mögliche Wärmeproduktion durch im Deponiekörper stattfindende Gärungs- oder Oxydationsprozesse ableiten. Dies gilt auch für eine Thermalscannerbefliegung dieser Deponie: Ihre Temperaturkarte der Deponieoberfläche und der Umgebung, deren Interpretation in Bild 3.41 gezeigt wird, weist ähnliche Anomalien auf wie die der Bodenmessungen.

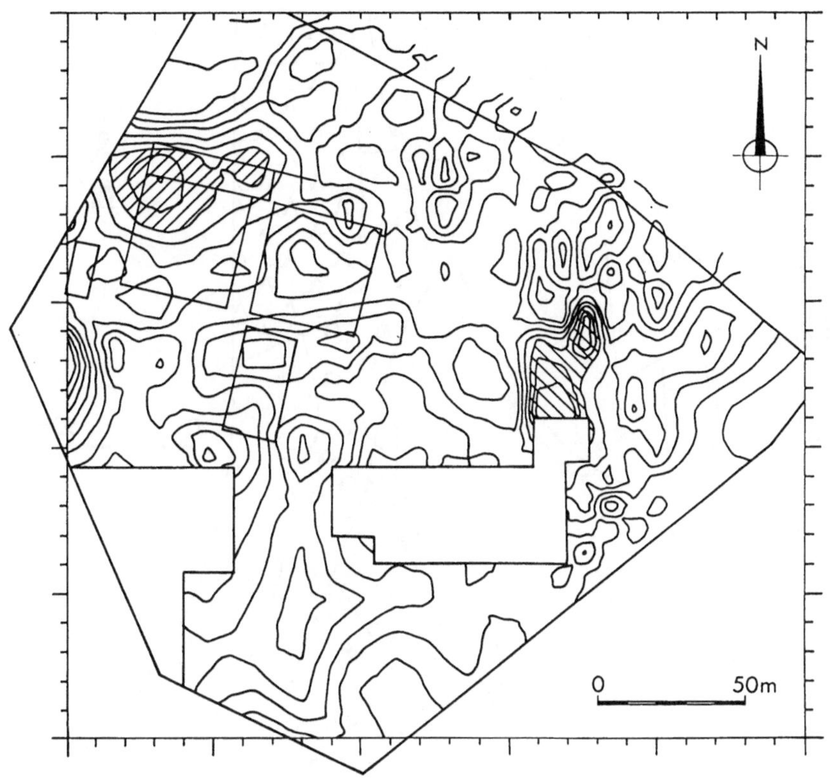

Bereiche positiver Temperaturanomalien (T>8°C)

Bereiche negativer Temperaturanomalien (T<5°C)

Isothermen, Linienabstand 0.5°C

Bild 3.41. Gebiete mit geothermischen Anomalien am Modellstandort Bitz (Untersuchungen: Gesellschaft für Geo-physikalische Untersuchungen, Karlsruhe; [28])

Die Deponiekuppe läßt sich thermal zwar ebenso von der Umgebung unterscheiden wie die auf ihr befindlichen Tennisplätze und Gebäude, doch konnten keine thermischen Anomalien der Deponieoberfläche nachgewiesen werden. Der Südhang der Deponie unterscheidet sich in seiner Wärmestufe von den ebenen Deponieflächen und den anderen Deponiehängen, weil er während des Tages stärker erwärmt wird. In einer Wiese treten mehrere kühlere Bereiche auf, welche lagemäßig mit Vegetationsschäden übereinstimmen, die durch Falschfarbenfotos aus der Luft festgestellt worden sind (Bild 3.42).

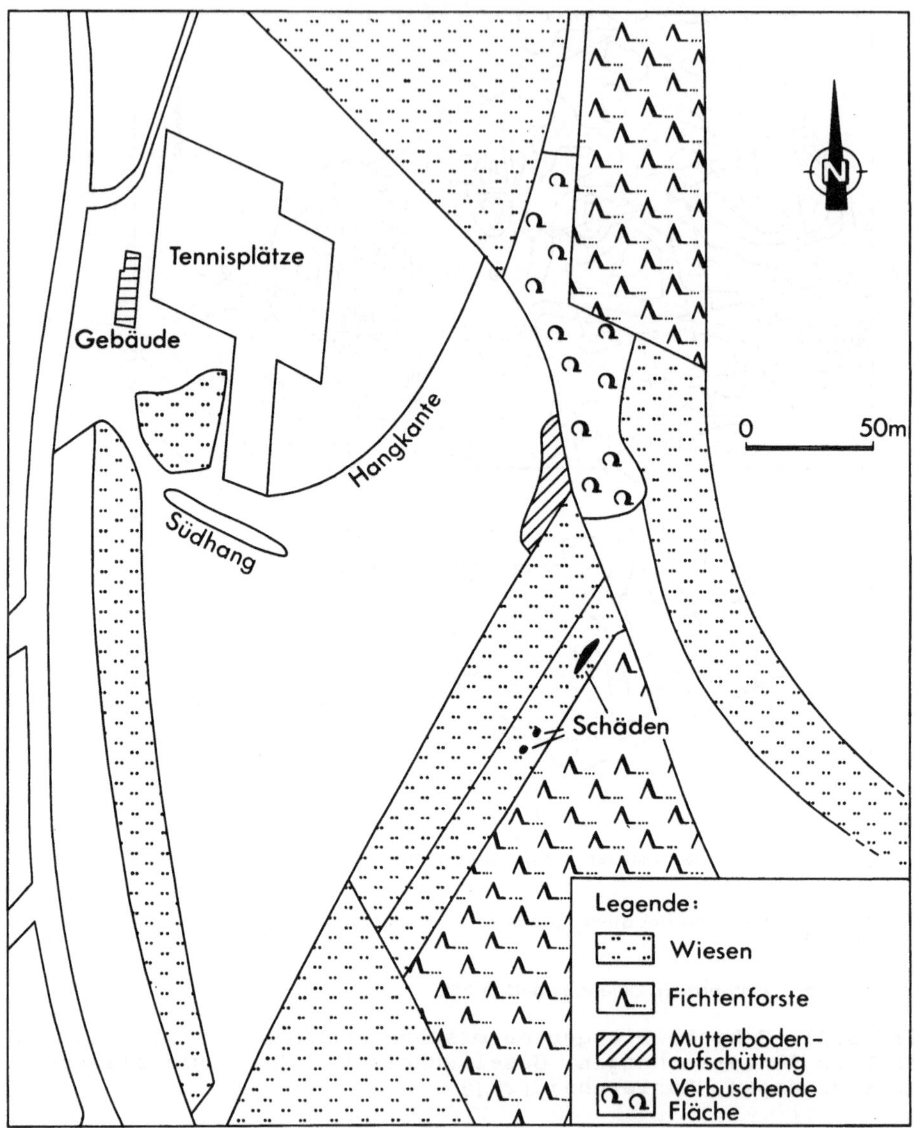

Bild 3.42. Interpretierte Vegetationseinheiten und -schäden anhand einer Temperaturkarte nach Thermalscannerbefliegung am Modellstandort Bitz (Untersuchungen: Photogrammetrie GmbH, München/Karlsruhe; [28])

3.1.8 Radiometrie

Es gibt bisher wenig Beispiele für den Einsatz radiometrischer Messungen an Altlasten. Der Grund ist die meist geringe Gammastrahlung des abgelagerten Materials, die häufig kleiner ist als die eines tonigen Nebengesteins, in dem das Kaliumisotop ^{40}K strahlt.

An der Deponie Altwarmbüchen der Stadt Hannover wurden aeroradiometrische Messungen mit dem Hubschrauber der Bundesanstalt für Geowissenschaften und Rohstoffe in ca. 50 m Höhe über der Deponie durchgeführt [6]; vgl. Abschn. 3.1.2, Bild 3.8 und Abschn. 3.1.4, Bild 3.32. Die Isolinienkarte der γ-Intensität (Bild 3.43) zeigt die Verteilung der Radioaktivität an der Oberfläche der Deponie. Die Werte der Dosisleistung steigen von ca. 1 μR/h in der Umgebung bis zu 5 μR/h im Zentrum der Deponie an. Insgesamt ist die γ-Intensität jedoch als gering einzustufen.

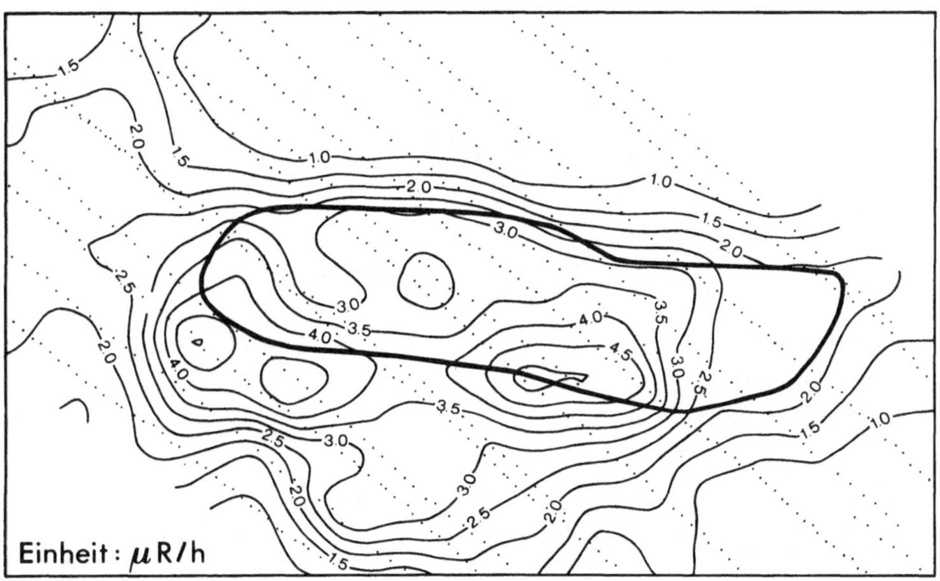

Bild 3.43. Aeroradiometrische Karte der als Berg aufgeschütteten Hausmülldeponie Altwarmbüchen bei Hannover. Nach Hubschraubermessungen der Bundesanstalt für Geowissenschaften und Rohstoffe [6]. Die Ionendosisgrößen der Karte in μR/h können nach μ1J/h = 3876 μR/h umgerechnet werden.

Radiometrische Messungen werden außerdem vornehmlich an Altlasten des Uranbergbaues vorgenommen. Bei anderen Altlasten liegt die Gammastrahlung des abgelagerten Materials meist in der Größenordnung der Strahlung des Kaliumisotops ^{40}K, das in tonigem Nebengestein vorhanden ist.

Radioaktive Altlasten treten nur dort auf, wo Uran- oder Thoriumerze gefördert oder aufbereitet worden sind, oder wo bei nuklearen Störfällen radioaktives Material ausgetreten ist. Der bekannteste und gefährlichste Störfall war Tschernobyl. Über die Verbreitung der dabei in Deutschland ausgefallenen Radionuklide des Jods und des Cäsiums liegen jedoch so zahlreiche Publikationen vor, daß dieses Thema hier nicht wiederholt wird.

Im Erzgebirge und Thüringen sind nach der bergmännischen Gewinnung und Aufbereitung von Uranerzen radioaktive Halden, Absetzbecken und Industriebrachen zurückgeblieben. Die Sanierung, d.h. die Vernichtung der Schadstoffe, ist nicht möglich, da die Radioaktivität weder durch mechanische noch durch chemische Aufbereitung verringert werden kann. Die Wirksamkeit einer Tonabdeckung wird im Bild 3.44 deutlich.

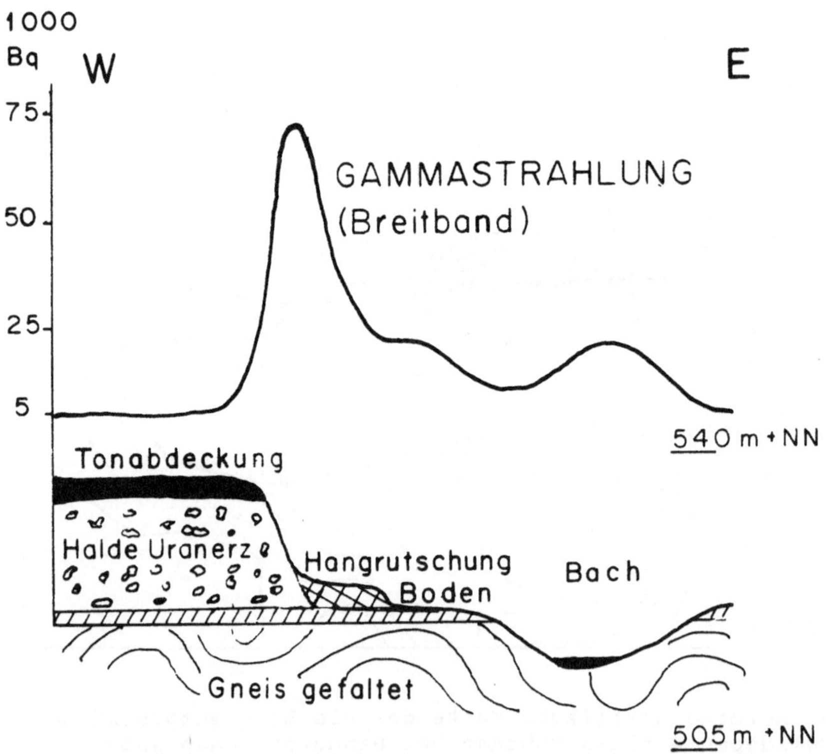

Bild 3.44. Über dem Hang einer Uranerzhalde erreicht die Gammastrahlung ein Maximum von 75 000 Bq am Erdboden. Über der ca. 3 m mächtigen tonigen Abdeckung, welche die Gammastrahlung vollständig absorbiert, wird indessen nur das allgemeine Strahlungsniveau von 5000 Bq gemessen. Östlich der Halde, insbesondere über dem Bachbett, ist die Strahlung noch geringfügig erhöht, da hier Haldenmaterial eingeschwemmt wurde.

Ein Beispiel für die Bestimmung des Radongehaltes in der Bodenluft mit einem α-Scintillometer stammt aus dem Raum Ronneburg-Seelingstädt in Thüringen [3]. Die Probenabstände betrugen 100 m; die Bodenluftproben wurden mit einer Stahlsonde aus 0,9 m Tiefe entnommen. Obwohl das Meßnetz relativ grob war, ergaben sich bereits definierte Aussagen über die Radonverteilung, wie Bild 3.45 zeigt.

Der kurzen Halbwertszeit des Radons entsprechend ist eine schnell fortschreitende Probenahme und die sofortige Analyse am Probenahmeort erfolgt. Es wurde ein regionaler Durchschnittswert (background) der Radonkonzentration von 88 000 Bq/m^3 festgestellt. Dieser übersteigt die sonst regional üblichen, natürlichen Durchschnittsgehalte, die bei 15 000 Bq/m^3 liegen, erheblich.

Die Ursache dieser regionalen Zunahme wird in der Uranvererzung des Gebietes und insbesondere in der Aufschluß- und Aufbereitungstätigkeit des Uranbergbaues gesehen. Auch die lokalen Spitzenwerte hängen, wie Bild 3.45 zeigt, mit einer Halde und einem Absetzbecken zusammen.

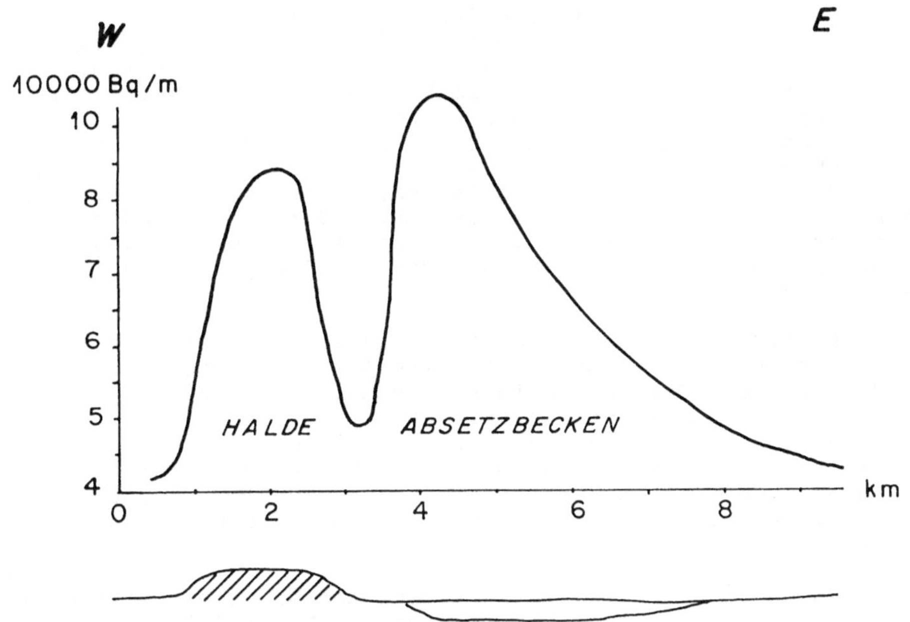

Bild 3.45. Profil der Alphastrahlung in der Bodenluft, die dem Radongehalt entspricht. Die Meßlinie verläuft über eine Halde und ein Schlamm-Absetzbecken des Uranbergbaues. Die Probenahme erfolgte in 0,9 m Tiefe.

3.2 Deponieumfeld und Neustandorte

3.2.1 Kenntnisstand

Während die Untersuchung von Altlasten geophysikalisches Neuland darstellt, kann bei der Erkundung des Umfeldes auf umfangreiche Erkenntnisse und Erfahrungen zurückgegriffen werden. Diese wurden hauptsächlich bei den zahlreichen geophysikalischen Erkundungen von Grund- und Trinkwasser gewonnen. Das Ziel dieser Untersuchungen war vorwiegend die Lokalisierung hydraulisch aktiver Strukturen, die jedoch auch als Sickerwege für gelöste oder schwebende Schadstoffe in Frage kommen.

Hierbei ist zwischen der Untersuchung von Lockergesteinsschichten als Aquiferen und von hydraulisch wirksamen Festgesteinsstrukturen zu unterscheiden.

3.2.2 Erkundung des Schichtenbaues

Geoelektrische Tiefensondierungen

Dieses in der Grundwassererschließung seit Jahrzehnten bewährte Verfahren kann in gleicher Weise auch zur Erkundung der hydrogeologischen Situation in der Umgebung bestehender oder in Gebieten geplanter Deponien eingesetzt werden. Dabei unterscheiden sich Lockergesteinsaquifere wie Kiese und Sande durch hohe Widerstände von tonigen impermeablen Schichten (Aquiclude). Jede Sondierung ergibt eine Säule, in der die scheinbaren spezifischen Widerstände die Permeabilität und die Teufen der Widerstandssprünge die Mächtigkeit der Schichten wiedergeben, d.h. jede Sondierung entspricht einer Bohrung. Sie ist jedoch wesentlich preiswerter und rascher durchführbar. Allerdings sollten Kontrollbohrungen nicht fehlen, da an ihnen die genauen Widerstände der einzelnen Schichten durch Vergleichssondierungen bestimmt werden können. Durch diese "Eichung" der Sondierungskurven werden die Widerstands- und Tiefenangaben im Untersuchungsgebiet viel genauer.

Bild 3.46 zeigt die Ergebnisse von Tiefensondierungen zur Erkundung der hydrogeologischen Verhältnisse des Deponieumfeldes am Modellstandort Osterhofen in Form einer Isoliniendarstellung der Basis des Grundwasserleiters, unter Einbeziehung der Ergebnisse von Pegelbohrungen. Die Basis bildet die Schichtgrenze zwischen Kiesen mit geringem Schluffanteil (scheinbare spezifische Widerstände 700 - 2500 Ωm) und Beckentonen bzw. Geschiebemergeln (scheinbare spezifische Widerstände 20 - 150 Ωm).

Die Tiefensondierungen wurden in Hummel-Anordnung mit maximaler Auslage von 160 m, entlang von insgesamt 9 Meßprofilen mit einer Gesamtlänge von 17 km, durchgeführt. (Die Hummel-Anordnung unterscheidet sich von der Schlumberger-Anordnung durch eine halbierte Auslage der Elektroden, d.h. daß nur eine Elektrode versetzt wird, während die zweite in großer Entfernung vom Sondierungspunkt festgehalten wird.)

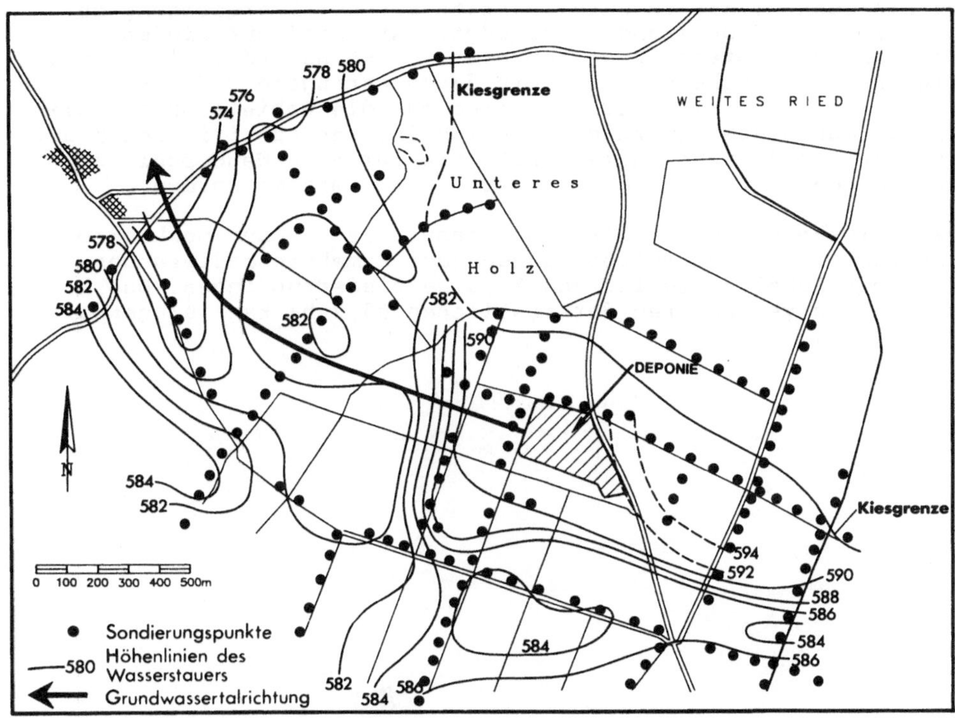

Bild 3.46. Isolinienplan der Basis des Grundwasserleiters nach Ergebnissen von Tiefensondierungen am Modellstandort Osterhofen (R. Buchholz Büro für Ingenieurgeophysik, Heiligenberg; [25])

Im Ergebnis dieser Arbeiten, dem Isolinienplan, ist westlich der Deponie eine Stufe der grundwasserstauenden Schicht von 8 m Höhe zu erkennen, danach folgt zunächst ein WNW gerichtetes Tal, das am NW-Rand des untersuchten Gebietes nach N umbiegt. Sickerwässer der Deponie oder, falls vorhanden, Schadstoffahnen müßten dieser Senke folgen.

Das Beispiel im Bild 3.46 zeigt, daß sich mit Tiefensondierungen das Relief des Grundwasserstauers ermitteln läßt, worin sich die Rinnen abzeichnen, in denen das Grundwasser abfließt. Schadstoffahnen können auf diese Weise auch dann verfolgt werden, wenn sie nicht salinar sind, d.h. geoelektrisch nicht direkt erfaßt werden können.

Für die Anlage von Neudeponien ist eine geringe Wasserdurchlässigkeit der geologischen Barriere unerläßlich. Es galt in einem Geschiebemergel Zonen mit erhöhten Tonanteilen und entsprechend geringer Wasserdurchlässigkeit zu finden. Deswegen ist der Neustandort einer Deponie im Bild 3.47 durch ein Netz von geoelektrischen Tiefensondierungen im Raster 100 x 100 m^2 untersucht worden.

Da die Zunahme des Tonanteils stets mit der Erniedrigung des elektrischen Widerstandes verknüpft ist, sind nur diejenigen Bereiche des untersuchten Gebietes von 96 ha Größe als zukünftige Deponiefläche geeignet, in denen geringere Widerstände als 40 Ωm auftreten. In Bild 3.47 sind das die Gebiete ohne Isolinien, denn diese wurden erst ab scheinbaren spezifischen Widerständen von 40 Ωm eingezeichnet. Die für eine Neudeponie am besten geeignete Fläche ist gestrichelt umrahmt worden.

Nach diesem geophysikalischen Ergebnis ist es nur noch erforderlich einige Kontrollbohrungen oder Rammkernsondierungen in dem umstrichelten Gebiet von 12,3 ha niederzubringen. Das kostenintensive Abbohren der restlichen 83,7 ha kann eingespart werden.

Schnitt-Tiefe 2 m

a)

Schnitt-Tiefe 7 m

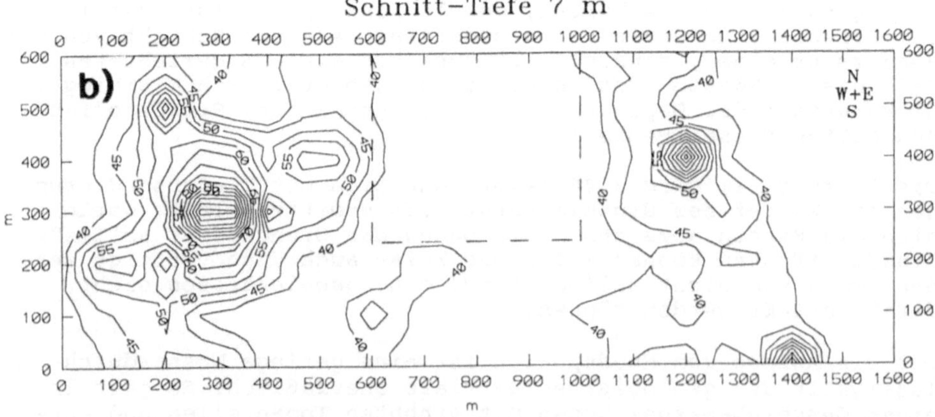

Bild 3.47. Isolinienpläne der scheinbaren spezifischen Widerstände Neustandort Insel Buchholz in den Tiefen a) 2 m, b) 7 m. Die geeignete Deponiefläche mit Widerständen < 40 Ωm ist gestrichelt umrahmt. (R. Buchholz Büro für Hydrogeologie und Ingenieurgeophysik, Heiligenberg).

Elektromagnetische Sondierungen

Das Verfahren der multifrequenten elektromagnetischen Sondierung (FEM) wurde unter dem Namen "MAXI-PROBE" von dem Eötvös Lorand Geophysikalischen Institut (ELGI), Budapest, zur Praxisreife entwickelt (siehe Abschn. 2.2.2). Bild 3.48 gibt ein Sondierungsprofil wieder, in dem unter einer tonigen Verwitterungsschicht ein geschichteter Kalkstein und darunter ein Quarzit in den Sondierungskurven erkennbar sind. Aus der plötzlichen Mächtigkeitsänderung des Kalksteins wird auf eine Verwerfung geschlossen, an der der nordwestliche Teil abgesunken ist.

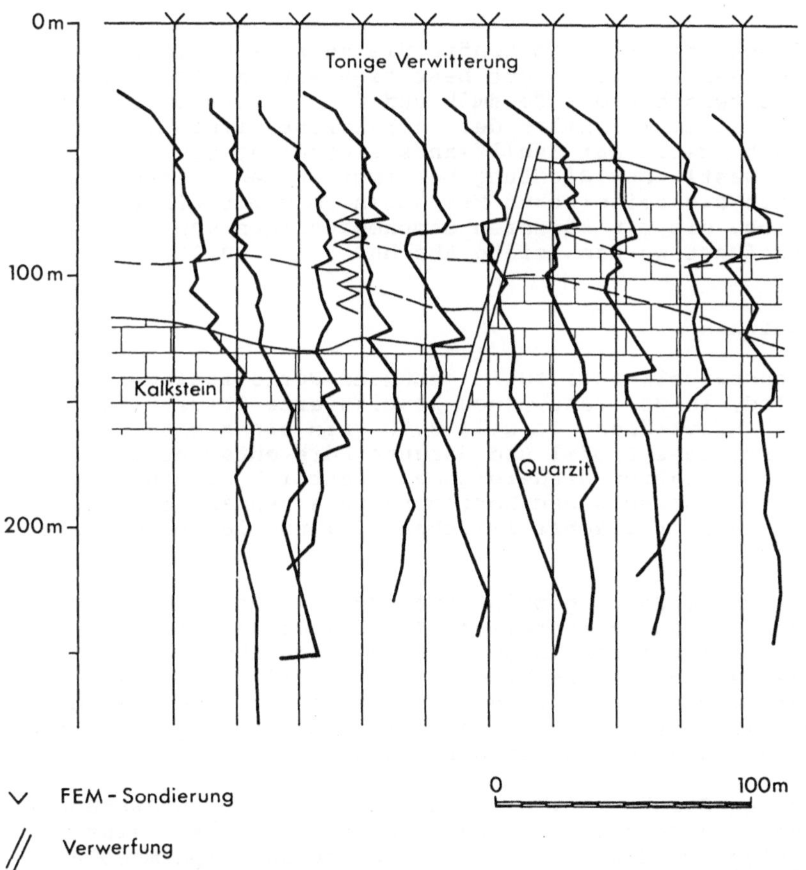

Bild 3.48. FEM-Sondierungsprofil mit 10 Sondierungen. Es zeichnet sich eine mächtige, niederohmige und vertonte Überlagerung über Kalkstein und Quarzit, sowie eine Verwerfung, in der Zusammenstellung der Kurven ab. Diese Interpretation wurde durch Bohrergebnisse bestätigt (ELGI Budapest).

Refraktionsseismik

Am Modellstandort Leonberg wurde im Umfeld der Deponie ein 410 m langes Profil refraktionsseismisch mit 5 m Geophonabstand vermessen. Bild 3.49 zeigt das ermittelte Schichtmodell. Unterhalb einer Überdeckung ist eine bis zu 40 m mächtige Schicht zu erkennen, die aufgrund ihrer weit variierenden seismischen P-Wellengeschwindigkeit (1510 - 2630 m/s) und den vorliegenden geologischen Informationen als mehr oder weniger stark geklüfteter Schilfsandstein interpretiert werden kann. Durch die Verwendung sehr langer Geophonauslagen bis zu 240 m wurde auf diesem Profil ein weiterer tieferer Horizont erfaßt, der die Schichtgrenze zwischen Schilfsandstein und Gipskeuper darstellt.

Bei anschließenden Bohrungen konnte die seismisch ermittelte Teufenlage dieses Horizonts gut bestätigt werden. So beträgt die Differenz zwischen der Seismik und dem Bohrergebnis an Bohrung B5 ca. 1 m. Mit Hilfe der Refraktionsseismik konnte somit die Mächtigkeit der Schilfsandsteinschicht sowie ihr Einfallen in westlicher Richtung bestimmt werden. Dieses Ergebnis ergänzt die seismischen Messungen im unmittelbaren Deponiebereich, die mit kürzeren Geophonauslagen von 120 m Länge durchgeführt wurden (siehe Abschn. 3.1.5, Bild 3.34).

Reflexionsseismik

Die Reflexionsseismik ist, falls genügend Reflexionshorizonte vorhanden sind, in der Lage, auch komplizierte Strukturen des Untergrundes aufzuklären. In Bild 3.50 wird ein digital ausgewertetes seismisches Profil und darunter die entsprechende geologische Interpretation wiedergegeben. Deutlich sind Unterbrechungslinien der seismischen Horizonte zu erkennen, die zunächst steil, später flacher zwischen 20 m und 180 m zu Tiefe hin einfallen.

Es handelt sich um das Ergebnis einer Reflexionsseismik aus dem mitteldeutschen Braunkohlenrevier. Zur Eiszeit haben die vorrückenden Gletscher durch ihren Druck die Schichten des Tertiärs in einzelne Schollen zerbrochen und übereinander gestapelt. Die darunter liegenden Schichten, die dem älteren Tertiär und dem Mesozoikum zugerechnet werden, zeichnen sich dagegen durch flachliegende und durchgehende Reflexionshorizonte aus.

Über derartigen Strukturen, die eine intensive Durchbewegung des tieferen Untergrundes anzeigen, sollte möglichst keine Deponie angelegt werden. Sogar, wenn tonige und impermeable Schichten direkt unter der Erdoberfläche anstehen, müßte befürchtet werden, daß durch das hohe Gewicht einer Deponie Rutschungen und Erdfälle ausgelöst werden könnten.

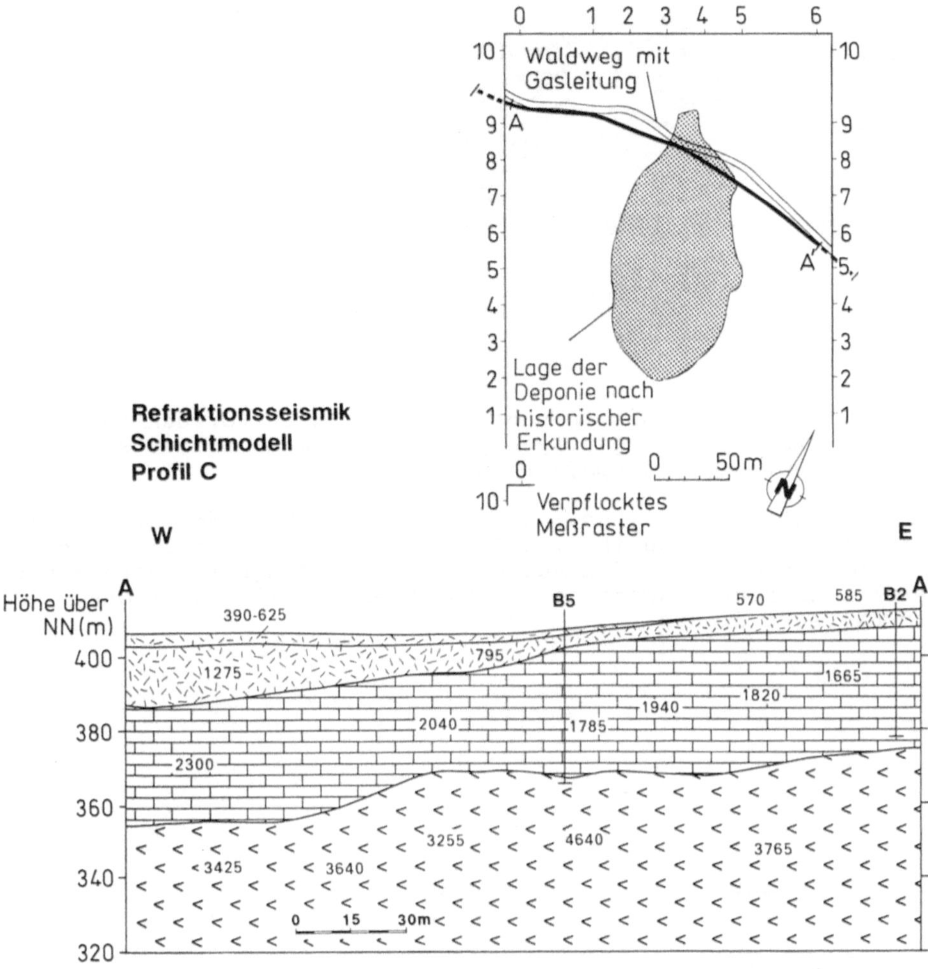

Bild 3.49. Schichtenmodell für Meßprofil C mit Angabe der seismischen P-Wellengeschwindigkeit in m/s nach refraktionsseismischen Messungen am Modellstandort Leonberg (Untersuchungen: THOR Geophysikalische Prospektion GmbH, Kiel; [15])

3.2.3 Erkundung steilstehender Strukturen

Geomagnetik

Geomagnetische Vermessungen des Umfeldes sind nur sinnvoll, wenn magnetische Gesteine vorhanden sind. So können z.B. Basalt oder andere klüftige, steilstehende Eruptivgesteinsgänge, die sich meist durch eine Vermessung der Totalintensität mit dem Protonenmagnetometer nachweisen lassen (Bild 3.51), hydrogeologisch bedeutsam sein.

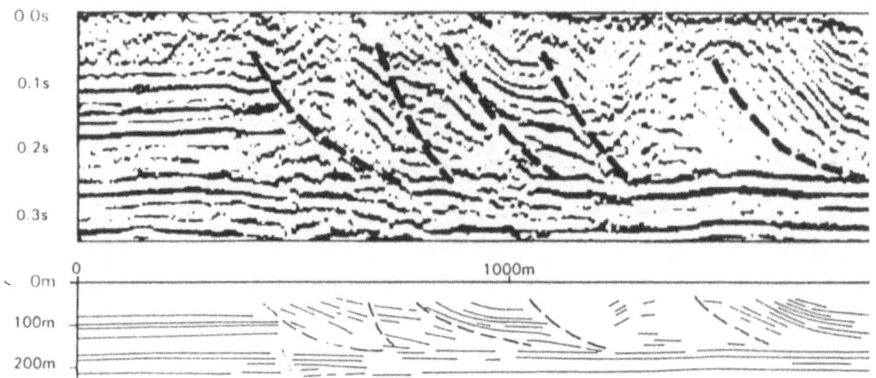

Bild 3.50. Reflexionsseimisches Profil: Durch vorrückende Gletscher gestauchte und gestapelte Schollen im mitteldeutschen Braunkohlenrevier (geophysik gmbh, Leipzig).

Im Gegensatz zur geophysikalischen Untersuchung der Deponiekörper, wo die Geomagnetik eine Standardmethode darstellt, kann sie im Umfeld nur in den Ausnahmefällen erfolgreich angewendet werden, in denen magnetische Strukturen als Fließwege des Grundwassers dienen.

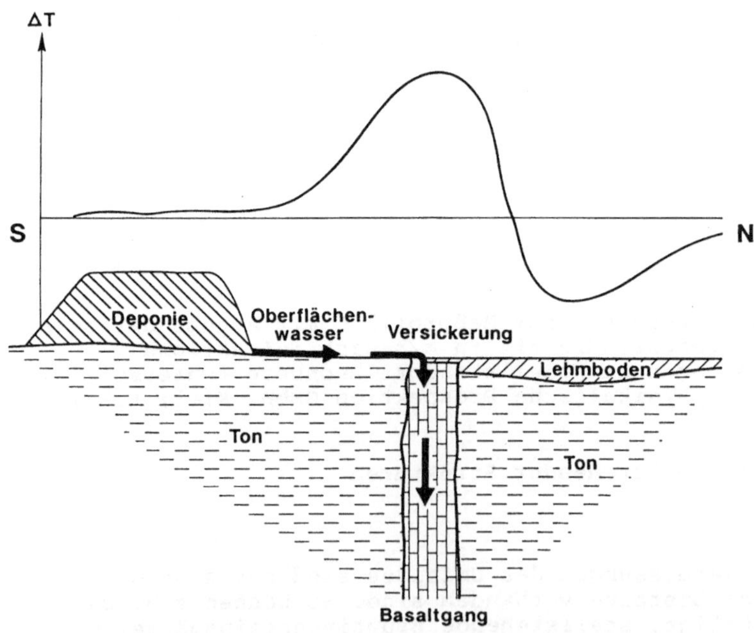

Bild 3.51. Profil der magnetischen Totalintensität ΔT über das Gelände einer Neudeponie, dessen Untergrund aus tonigen, hydraulisch impermeablen Gesteinen besteht und das von basischen und steilstehenden Eruptivgesteinsgängen durchzogen wird.

Elektromagnetische Kartierung

Diese Kartierung mit koplanaren Spulen und induktiver Ankoppelung ist wegen der hohen Meßgeschwindigkeit (es müssen keine Elektroden in den Boden geschlagen werden) und der guten Auflösung steilstehender Strukturen, wie Verwerfungen, Schlotten, Spalten oder Kluftzügen, eine geeignete Methode, hydraulisch aktive, steilstehende Strukturen, sog. "Lineare", im Festgestein aufzusuchen.

Diese Lineare treten meist als ausgeprägte Minima sowohl in der Inphase (Reale) als auch in der Outphase (Quadratur) hervor. Besondere Sorgfalt erfordert die Wahl der Profilrichtungen. Die Meßlinien sollten die tektonischen Strukturen möglichst im rechten Winkel überqueren, um unverzerrte und gut interpretierbare Minima zu liefern.

Die Verpflockung jedes Meßpunktes ist bei der elektromagnetischen Kartierung nicht erforderlich. Markierungen im Meßpunktabstand auf dem Verbindungskabel zwischen Sender und Empfänger erlauben die rasche Festlegung der Meßpunkte auf der Profillinie. Letztere muß allerdings genau an beiden Endpunkten durch einsehbare Fluchtstäbe festgelegt werden.

Zu beachten ist, daß der Meßpunkt in der Mitte zwischen der Position des Senders und des Empfängers liegt. Profildarstellungen oder Karten, die sich versehentlich auf die Standorte des Empfängers oder des Senders beziehen, müssen durch Verschiebung um eine halbe Auslagelänge korrigiert werden.

Bild 3.52 gibt ein elektromagnetisches Profil über einen geplanten Deponiestandort wieder. Typische Minima der Inphase- und Outphasekomponenten wurden mit unterschiedlicher Intensität über steilstehenden, elektrisch gut leitenden Strukturen, die in diesem Fall als Verwerfungen interpretiert werden, gemessen. Während bei senkrecht stehendem Leiter die Minima beider Komponenten über dem Leiter liegen (Lineare A und E) und die Maxima an beiden Seiten der Anomalie etwa gleich stark ausfallen, treten bei geneigtem Leiter (Lineare D und B) deutliche Verschiebungen in Richtung des Einfallens auf.

Dieses Beispiel macht deutlich, daß nicht alle Meßkurven die gleichen Minima aufweisen, daß bei eng benachbarten Linearen Überschneidungen vorkommen und daß nicht alle Minima interpretierbar sind (in Bild 3.52 wurden diese mit Fragezeichen versehen).

Außerdem erfordert die EM-Auswertung große Erfahrung; sie sollte durch DV-Programme unterstützt werden. Die Verbindung der Minima verschiedener Meßlinien zu Linearen bedingt die interdisziplinäre Zusammenarbeit mit Geologen und Hydrogeologen, damit ein plausibles hydrologisch-tektonisches System konstruiert werden kann.

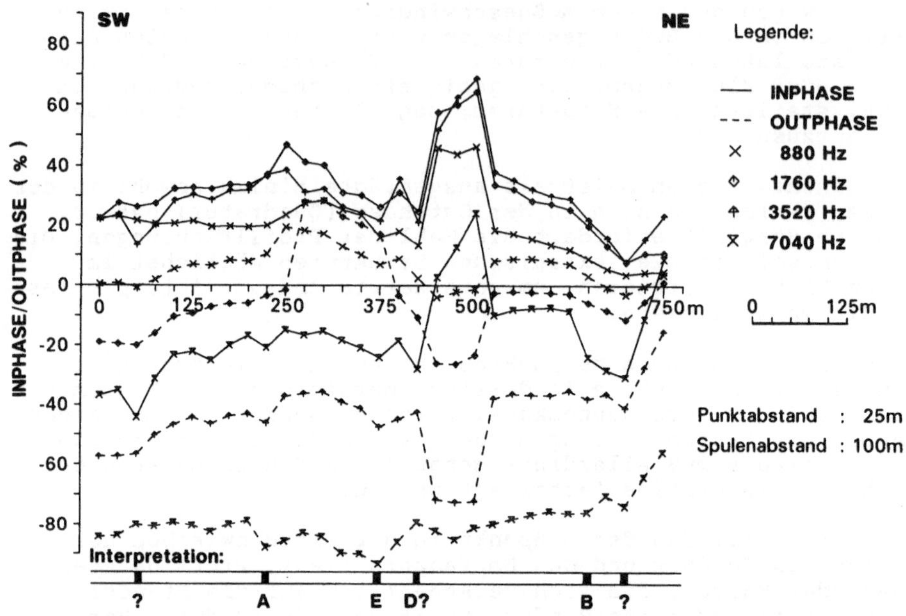

Bild 3.52. Elektromagnetisches Profil, koplanar mit senkrechten Spulenachsen gemessen. Die großen Buchstaben bezeichnen die Lineare im folgenden Bild 3.53.

Dies ist geschehen in der Isolinienkarte, Bild 3.53. Die Lineare sind mit den Buchstaben A bis F bezeichnet worden. Ein Vergleich mit der Profildarstellung ergibt, daß sich Lineare nicht aus den Isolinien konstruieren lassen, sondern daß dazu die Aufzeichnung der Meßdaten in Profilen erforderlich ist.

In diesem Gebiet wurden die Lineare durch Bohrungen als Verwerfungen eines Staffelbruchsystems mit vertikalen und horizontalen Versetzungen identifiziert. Dennoch stellen sie die Eignung des Gebietes für die Errichtung einer Deponie nicht in Frage, denn durch Nachfolgebohrungen wurde ermittelt, daß die Verwerfungsflächen durch Verwitterungstone und -lehme versiegelt sind. Demzufolge stellen diese Verwerfungen keine Grundwasserleiter, sondern Grundwassersperren dar.

Bei der elektromagnetischen Kartierung werden im allgemeinen Frequenzen zwischen 200 und 14000 Hz verwendet, um eine hohe Eindringtiefe zu erzielen. Ist dies nicht erforderlich oder ist der Untergrund hochohmig, dann kann auch die Elektromagnetik mit fernen Sendern (VLF-Messungen) und Frequenzen zwischen 12 und 24 KHz eingesetzt werden. Allerdings ist die Auflösung einzelner Strukturen infolge des nahezu homogenen VLF-Feldes wesentlich geringer als bei der elektromagnetischen Kartierung, wo nahe Sender ein inhomogenes Feld erzeugen.

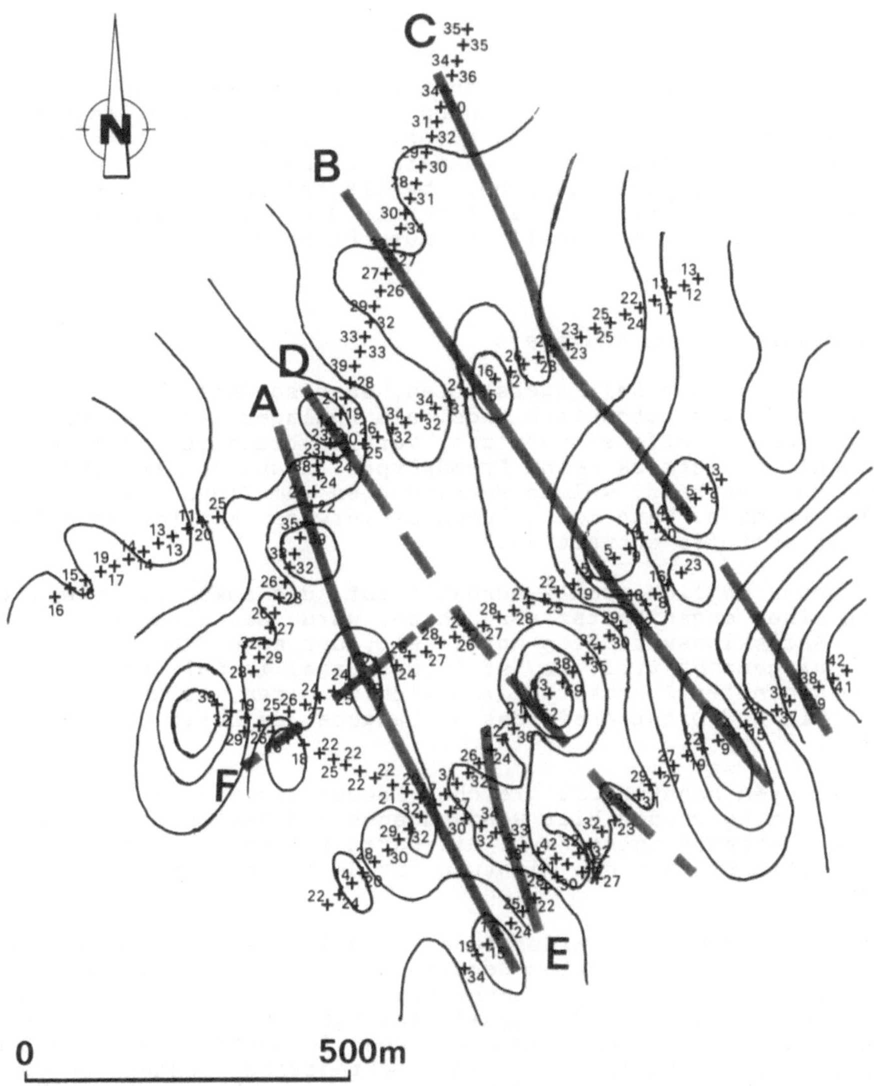

Bild 3.53. Isolinienkarte mit Linearen, konstruiert nach elektromagnetischer Kartierung. + = Meßpunkt; die Zahlen bedeuten die Inphasewerte der Frequenz 3520 Hz; die Balken stellen die Lineare dar, die mit den Buchstaben A bis F bezeichnet worden sind. Die Auslage betrug 100 m, der Meßpunktabstand 25 m.

Bodenradar

Dieses Verfahren mit sehr geringen Eindringtiefen eignet sich nicht in allen Fällen zur Erkundung des Deponie-Umfeldes oder neuer Standorte. Radarmessungen von der Erdoberfläche können u.a. eingesetzt werden, um nichtmetallische Leitungen im Boden aufzuspüren, oder aufgelassene, oberflächennahe Gruben und Schächte zu lokalisieren. Der Nachweis des Grundwasser-Flurabstandes (Grundwasserspiegel) ist nur bei hochohmigen Schichten (z.B. Kiese) möglich.

3.2.4 Erkundung von Endlagern

Es ist geplant die Salzlagerstätten, insbesondere die Salzstöcke Nord- und Ostdeutschlands, als Endlager radioaktiver und hochtoxischer Stoffe einzusetzen. Voraussetzung ist, daß der ausgewählte Salzstock keine Fremdkörper, insbesondere Laugeneinschlüsse enthält, welche Verbindungen zum Grundwasser herstellen könnten. Denn auf solchen Sickerwegen könnten endgelagerte Schadstoffe entweichen.

Da es weder möglich noch zweckmäßig ist, die zukünftigen Endlager in einem engen Raster abzubohren, wurde das elektromagnetische Reflexionsverfahren entwickelt, das auch EMR oder Untertageradar genannt wird. Es ist in der Lage, in Salzgesteinen die vorgenannten Fremdkörper räumlich zu orten, welche die Sicherheit und Dichtigkeit des Grubengebäudes beeinträchtigen könnten.

Das Verfahren benutzt die gleichen Frequenzen wie das Bodenradar, allerding werden hier Sendeantenne und Empfangsantennen räumlich getrennt angeordnet. Hierdurch sollen das reflektierte Signal optimiert und die Richtung des Reflektors ermittelt werden.

Durch den extrem hohen Widerstand des Salzes sind bei den hochfrequenten, pulsmodulierten Schwingungen von 10 bis 100 MHz Entfernungsbestimmungen von Schichtgrenzen, des Anhydrits, von Toneinlagerungen, eingedrungenen Basaltgängen oder laugenführenden Kluftsystemen und von Hohlräumen in Entfernungen von 5 m bis über 1000 m möglich. Mit dem Untertageradar können von Untertagestrecken oder -Bohrlöchern aus die Raumlagen elektromagnetisch reflektierender Fremdkörper mit unterschiedlicher Dielektrizitätskonstante bestimmt werden. Das Meßsytem wird in Bild 3.54 schematisch dargestellt.

Je nach erwünschter Meßdistanz werden sehr kurz gepulste elektromagnetische Wellengruppen von nur 0,1 μs Dauer vom Sender abgestrahlt. Dabei wird der Empfänger direkt durch die empfangene Welle synchronisiert. Die Entfernungsbestimmung erfolgt, wie in der Seismik, durch die Bestimmung der Laufzeitdifferenzen. Allerdings sind die Laufzeiten extrem kurz und nur bei hohem technischen Aufwand erfaßbar.

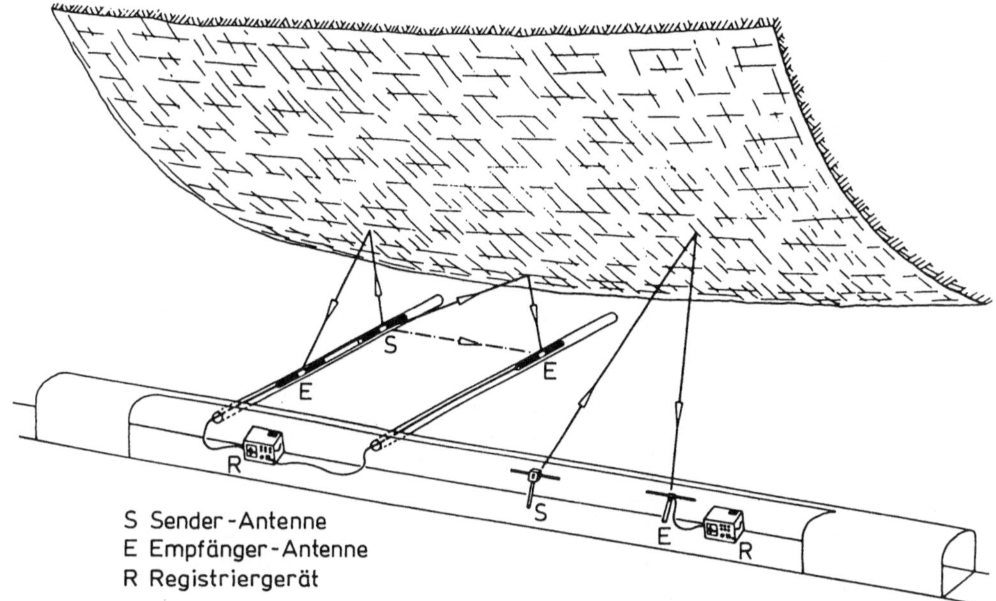

Bild 3.54. Untertägige Peilung einer elektromagnetisch reflektierenden Tonlage im Salzgebirge, von einer Strecke aus (Thierbach, Schuricht, NLfB-GGA [26]).

Die elektromagnetischen Reflexionen werden jedoch nicht nur in einer Ebene oder aus einer Richtung, sondern von allen Seiten, von oben oder unten, d.h. aus dem Vollraum, empfangen. Die räumliche Zuordnung der Reflexionen kann teils auch nach ihrer Form erfolgen. Im Radargramm des Bildes 3.55 werden die beiden parallelen Reflexionen, welche das gesamte Radargramm durchziehen von einem parallel laufenden Tunnel, bergmännisch Strecke genannt, hervorgerufen.

Die wichtigste Information enthält die Reflexion, die vom unteren Rand (Spur 80) vor der "Tunnelreflexion" leicht gebogen unter einem Winkel von ca. 30° nach oben (bis Spur 48) verläuft. Es handelt sich hier um eine dünne Anhydritlage, die durch Bohrungen bestätigt wurde.

Die im rechten Teil des Radargramms im Bild 3.55 sichtbaren, gebogenen Reflexionen beziehen sich auf Hohlräume, d.h. alte Abbaue im Salz. Die schwachen, geraden Reflexionen stammen von dünnen Anhydritschichten [26].

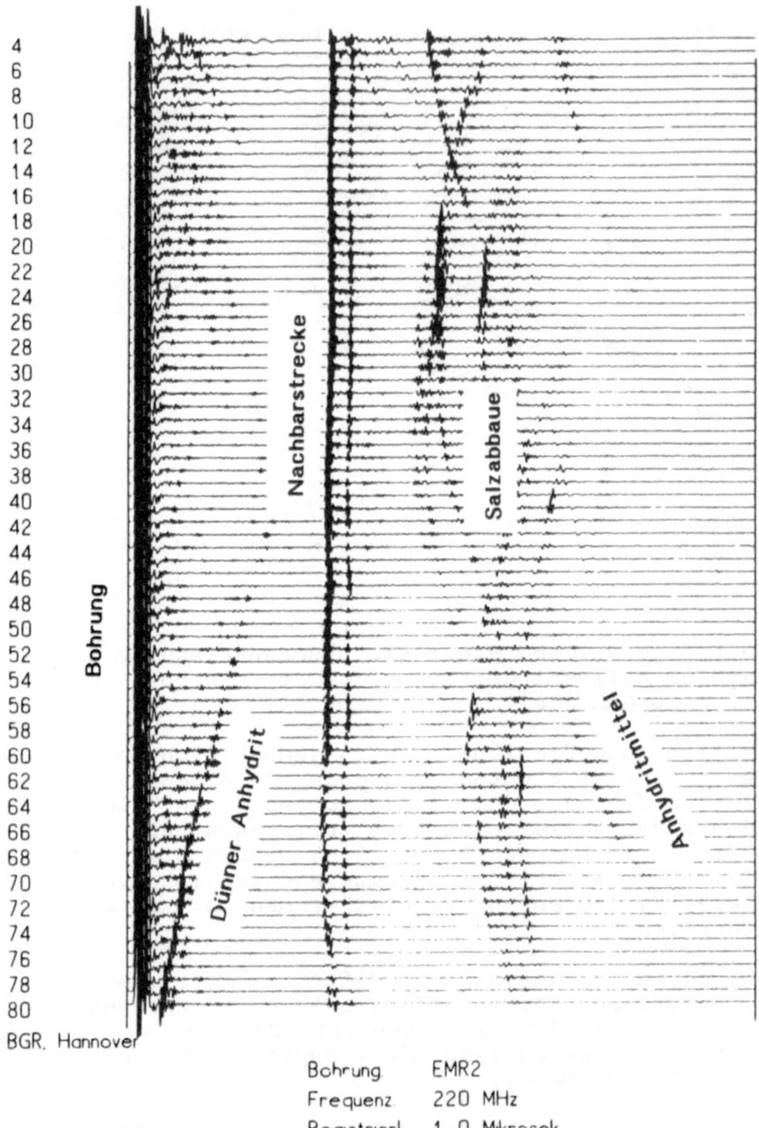

Bild 3.55. Radargramm aus einem Salzstock (Thierbach, Schuricht NLfB-GGA, Hannover).

Radiometrie (Radonmessungen)

Radon-Bodenluftmessungen im Umfeld der ehemaligen Sondermülldeponie Mühlacker erbrachten Hinweise auf Anomalien in der Verteilung des Radongehaltes, die über bloße Schwankungen innerhalb eines homogenen, isotropen Untergrunds hinausgehen.

In Bild 3.56, einer Isolinienkarte des Radongehaltes in der Bodenluft, zeichnen sich solche Anomalien in bestimmten Zonen des Meßgebiets ab. Die am W-Rand der Deponie gemessenen Radon-Zählraten sind mit maximal 450 cpm wesentlich höher als die zu Vergleichszwecken in Deponiebrunnen registrierten Raten (100 - 200 cpm), woraus sich schließen läßt, daß die radioaktiven Edelgase nicht aus der Deponie migrieren, sondern über Strukturen der Bruchtektonik aus dem tieferen natürlichen Untergrund aufsteigen. Die ebenfalls erhöhten Radongehalte an der SW-Ecke der Deponie dagegen deuten auf einen direkten Schadstoffaustrag aus der Deponie und einen bevorzugten Transportweg in SE-Richtung hin.

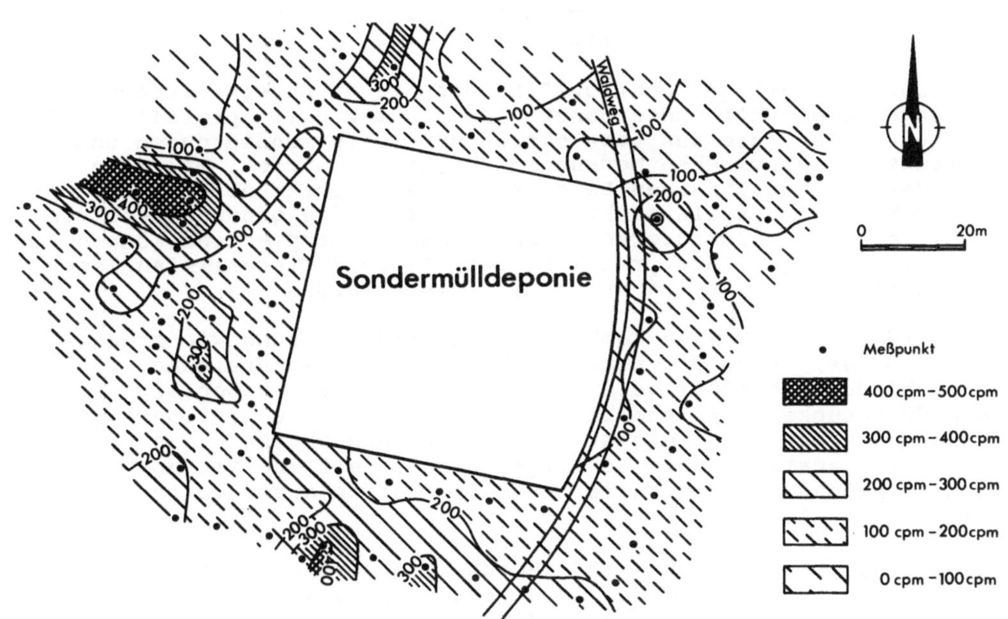

Bild 3.56. Isolinienkarte des Radongehaltes, gemessen als α-Zählrate in counts per minute, nach Radon-Bodenluftmessungen im Umfeld der ehemaligen Sondermülldeponie Mühlacker (Angewandte Geologie Karlsruhe; [34])

Seismik

Sowohl Refraktions- als auch Reflexionsseismik sind bisher nur gelegentlich zur Aufsuchung steilstehender, hydraulisch aktiver Strukturen eingesetzt worden. Ein entsprechendes Beispiel wird in Abschn. 3.1.5, wiedergegeben. Die neuen Verfahren der dreidimensionalen seismischen Messungen und Interpretationen [8] sind noch zu aufwendig, um im Rahmen der Umfeld- und Neustandorterkundung routinemäßig eingesetzt werden zu können.

Allerdings sind sowohl die Refraktions- als auch die Reflexionsseismik geeignete Verfahren, um bei horizontaler oder flach geneigter Lagerung die Schichtfolge im Liegenden einer geplanten Deponie genau zu erkunden. Sie geben ab Teufen von 50 - 100 m Schichtmächtigkeiten wieder, falls an den Schichtgrenzen deutliche Unterschiede in den seismischen Geschwindigkeiten oder Reflektoren vorhanden sind.

Bohrlochmessungen

Die Untersuchungen des geplanten Neustandortes einer Deponie erfordern zusätzlich zur Geophysik das Niederbringen von wenigen Kontrollbohrungen. Damit sollen die geophysikalischen Aussagen, insbesondere zu den hydraulischen Eigenschaften des Untergrundes, überprüft werden. Auch wenn diese Bohrungen über die gesamte Bohrtiefe gekernt werden, sind geophysikalische Bohrlochmessungen unerläßlich!

Nur durch derartige "Bohrlogs" können die geophysikalischen Aussagen überprüft und ergänzt werden. Dies gilt speziell für Tiefenangaben, die aus geoelektrischen Tiefensondierungen und refraktionsseismischen Messungen abgeleitet wurden. Man kann aus der petrographischen Beschreibung der Bohrkerne oder auch des Bohrkleins, falls nicht gekernt wurde, die genaue Tiefe von Schicht- oder Strukturgrenzen entnehmen. Entsprechend können geophysikalische Interpretationsprofile oder Tiefenlinienpläne "eingehängt" bzw. tiefenmäßig korrigiert werden.

In Bild 3.57 wird eine kombinierte Bohrlochmessung wiedergegeben, in der, neben der petrographischen Kernbeschreibung, 13 verschiedene Bohrlogs gefahren worden sind. Es lassen sich in dem durchsunkenen kristallinen Gesteinen mehrere Horizonte erkennen, an denen der elektrische Widerstand absinkt, das Eigenpotential ansteigt, die Schallgeschwindigkeit zunimmt und eine starke Anomalie der induzierten Polarisation auftritt (nicht in allen Fällen).

In der Kernbeschreibung sind jedoch keine Gesteinsgrenzen oder -Veränderungen enthalten, die diesen geophysikalischen Anomalien entsprechen würden. Mikroskopische Kernuntersuchungen ergaben, daß in diesen Bereichen fein verteilte Graphite und Sulfide, meist im Zusammenhang mit tektonischen Verschiebungsbahnen, auftreten. Hieraus ergibt sich, daß derartige, häufig wasserwegsame Strukturen nur in Bohrlogs erfaßt werden können.

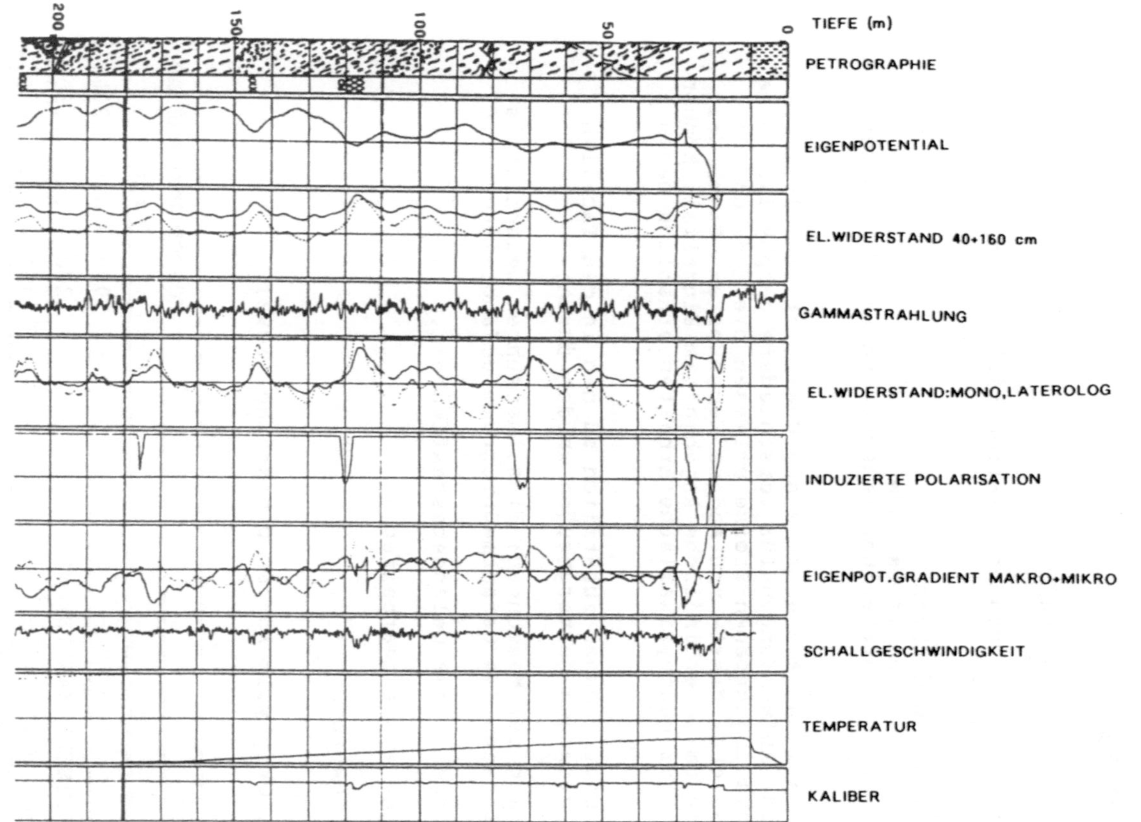

Bild 3.57. Kombinierte Bohrlochmessung in Gneisen. Die einheitlichen Logs des el. Widerstandes, der Gammastrahlung, Schallgeschwindigkeit und des Kalibers (Bohrlochdurchmessers) zeigen einen ziemlich homogenen Gebirgsaufbau mit gleichbleibenden Durchlässigkeiten für das Grundwasser an. Ausnahmen bilden die Horizonte mit Anomalien der Induzierten Polarisation [28,29].

4 Kostenrahmen

4.1 Kosten Geophysik an Altlasten

Geophysikalische Untersuchungen setzen sich aus folgenden Kostenarten zusammen:

1. An- und Abfahrt
2. Messungen im Gelände
3. Berichterstellung (Auswertung und Ergebnisdar stellung)

Die Tabellen 4.1 und 4.2 geben einen Überblick über 1992 bekanntgewordene Aufwendungen für verschiedene geophysikalische Verfahren. Die angegebenen Preise umfassen die Meß- und Berichtskosten, ohne Fahrt- und andere Nebenkosten. Es handelt sich hier nur um unverbindliche Angaben; im Einzelfall können die Ausgaben für geophysikalische Arbeiten erheblich davon abweichen.

Preisschwankungen können zusätzlich zu den in den Tabellen angegebenen Ursachen hervorgerufen werden durch:

1. Gesamtumfang der Messungen: Einzelmessungen werden preisgünstiger, wenn das Gesamtmeßprogramm umfangreicher wird.

2. Unterschiede in der Geländebeschaffenheit.

3. Zusätzliche Auswertearbeiten.

4. Viele Mitbewerber

Tabelle 4.1. Geophysik-Kosten pro Meßtag (1992)

METHODE	KOSTEN PRO MEßTAG (DM)
GEOMAGNETIK	1000,- bis 1200.-
ELEKTROMAGNETISCHE KARTIERUNG	1200,- bis 1750,-
GEOELEKTRISCHE KARTIERUNG	1200,- bis 1650,-
GEOEL. TIEFENSONDIERUNG (nach Auslagelänge)	1600,- bis 2400,-
INDUZIERTE POLARISATION	2000,- bis 2700,-
EIGENPOTENTIAL (DM 2700,- bei >100 Sonden)	800,- bis 2700,-
BODENRADAR	2000,- bis 3200,-
REFRAKTIONSSEISMIK	2500,- bis 6000,-
REFLEXIONSSEISMIK	6000,- bis 12000,-

Tabelle 4.2. Kosten der geophysikalischen Verfahren pro Profilmeter und pro Meßpunkt (1992)

METHODE	~ KOSTEN/m (DM)	KOSTEN/MEßPUNKT (DM)
Geomagnetik	2,10	0,55 - 4,60
Elektromagnetik	3,00	11,50 - 16,00
Geoelektrische Kartierung	2,20	7,00 - 18,00
Geoel. Tiefensondierung	4,00	130,00 - 240,00
Induzierte Polarisation *)	4,30	140,00 - 270,00
Eigenpotentialmessung	1,40	10,00 - 17,00
Bodenradar	7,40	3,50 - 9,00
Refraktionsseismik	21,00	280,00 - 500,00
Reflexionsseismik	25,70	300,00 - 850,00

*)Messungen des el. Widerstandes sind eingeschlossen

4.2 Kostenvergleich: Geophysik-Bohrungen/Rammsondierungen

Bohrungen

Ein Kernbohrmeter kostete 1992 ca. DM 240,-. In Tabelle 4.3 ist aufgelistet, welche geophysikalischen Arbeiten für diesen Betrag ausgeführt werden können. Es wurden die Kosten für geophysikalische Untersuchungen im Jahre 1992, mit entsprechenden Bandbreiten, zu Grunde gelegt (vgl. Tabelle 4.1). Die Werte für die vermessenen Profil-Meter und die vermessene Fläche wurden abgeleitet unter der Annahme der bei der Altlastenerkundung üblicherweise verwendeten Meßraster (Tabelle 4.5). Bild 4.1 zeigt einen graphischen Vergleich zwischen den Bohrkosten und den Kosten der Geophysik. Von 1989 bis 1992 sind die Preise für geophysikalische Erkundungen um ca. 18 % angestiegen. Dieser Anstieg wurde bei den Tabellen 4.1 bis 4.3 berücksichtigt.

Man erkennt, daß der Kostenvergleich stark zu Gunsten der Geophysik ausfällt. Mit ihrem Einsatz können somit die Gesamtkosten zur Erkundung von Altlasten gesenkt werden. Geophysikalische Messungen sollen jedoch Bohrungen nicht ersetzen, sondern stellen eine sinnvolle Ergänzung dar. Einerseits sind geophysikalische Ergebnisse sicherer zu interpretieren, wenn Bohrlochdaten zur Verfügung stehen, andererseits können die durch Bohrungen gelieferten punktuellen Informationen durch die Anwendung der Geophysik auf den Raum oder die Fläche zwischen verstreut liegenden Bohrpunkten ausgedehnt werden. Außerdem können die geophysikalischen Ergebnisse dazu benutzt werden,

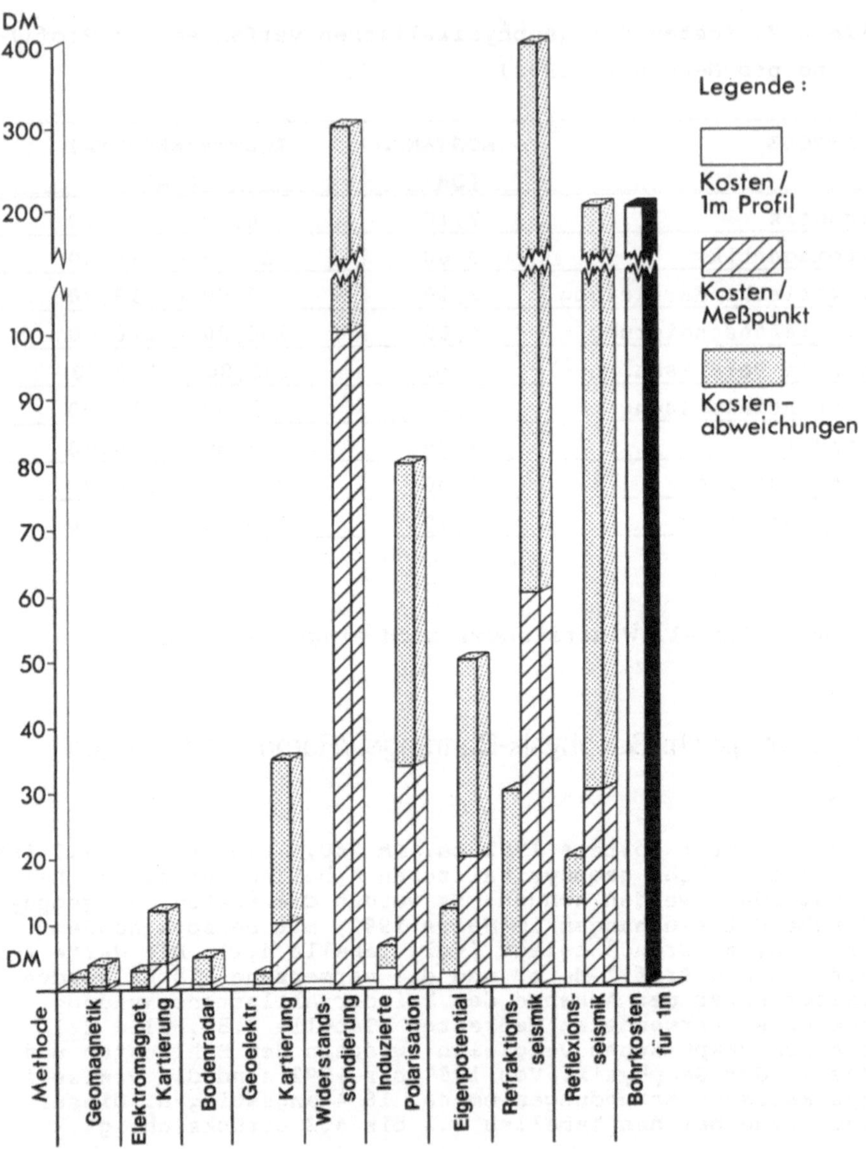

Bild 4.1. Vergleich von Bohrkosten mit den Kosten für geophysikalische Verfahren

Tabelle 4.3. Vergleich Altlasterkundungen ohne und mit geophysikalischen Messungen

Untersuchungsobjekt: Überdeckte Altlast ca. 30 000 m²

A) Erkundung ohne Geophysik

330 Rammkernsondierungen, 6 m tief, 10 m Raster (Kosten pro Meter Sondierung DM 30,-)	DM 59 400,-
18 Kernbohrungen, 25 m tief, 25 m Raster (Kosten pro Bohrmeter DM 250,-)	DM 112 500,-
Gesamtkosten:	DM 171 900,-

B) Erkundung mit Geophysik (verschiedene Verfahren)

Magnetik, 1200 Meßpunkte, 5 m Raster (Kosten Pro Meßpunkt DM 10,-)	DM 12 000,-
Geoelektrische Kartierung, 300 Punkte, 10 m Raster, (Kosten pro Meßpunkt DM 12,-)	DM 3 600,-
48 Geoelektrische Tiefensondierungen, (L)=100 m, (Kosten pro Sondierung DM 70,-)	DM 3 360,-
Seismische Refraktion 500 Profilmeter (Kosten pro Profilmeter DM 50,-)	DM 25 000,-
30 Rammkernsondierungen, 6 m tief, (Kosten pro Meter Sondierung DM 30,-)	DM 5 400,-
3 Kernbohrungen, 25 m tief, (Kosten pro Bohrmeter DM 250,-)	DM 18 750,-
Gesamtkosten:	DM 68 110,-

Für jeden Einzelfall sollte in einer Kosten-Nutzen-Betrachtung abgewogen werden, welche Erkundungsmethoden einzusetzen sind. Der in Tabellen 4.3, 4.4 und Bild 4.1 dargestellte Kostenvergleich soll hierfür Anhaltspunkte liefern. In der Tabelle 4.3 wird das Kosten-Nutzen Verhältnis bei einer aktuellen Altlast-Erkundung vorgestellt, die unter "A" nur mit Bohrungen/Rammsondierungen ohne Geophysik geplant und die unter "B" mit zusätzlichen geophysikalischer Verfahren durchgeführt wurde.

Die Kosten "A" und "B" sind für die Erkundung einer Deponie mit Industrie- und Hausmüll veranschlagt worden. Die Maßnahme "B" wurde durchgeführt. Dabei konnte diese Altlast in der Fläche von 3000 m² und bis ca. 20 m Tiefe lückenlos erkundet werden. Industrie- und Hausmüll ließen sich danach so genau abgrenzen, daß eine realistische Bewertung und Gefahrenabschätzung möglich wurde.

Rammsondierungen

Auch die Anzahl der Rammsondierungen wird erheblich durch den Einsatz der geophysikalischen Erkundungsmethoden vermindert. Hierunter fallen sowohl die einfachen Rammsondierungen, bei denen man nur den Druck auf die Rammspitze registriert, als auch die Rammkernsondierungen, bei denen eine Probe des durchstoßenen Materials in einer Nut entnommen wird.

Tabelle 4.4. Geophysikalische Arbeiten, die für die Kosten eines Bohrmeters (ca. DM 240,-) ausgeführt werden können.

Methode	Anzahl Meßpunkte	Vermessene Profil-Meter	Vermessene Fläche
		(m)	(m^2)
Geomagnetik	60 - 250	100 - 800	200 - 1000
Elektromagnetische Kartierung	15 - 50	80 - 400	1000 - 3600
Geoelektrische Kartierung	6 - 20	80 - 200	250 - 1200
Widerstandssondierung	1 - 2	- - -	- - -
Induzierte Polarisation	3 - 6	30 - 70	100 - 650
Bodenradar	- - -	40 - 200	- - -
Eigenpotentialmessung	4 - 10	20 - 100	200 - 1000
Refraktionsseismik	1 - 3	6 - 40	- - -
Reflexionsseismik	1 - 7	10 - 20	- - -

Tabelle 4.5. Geeignete Meßpunktabstände für geophysikalische Untersuchungen im Rahmen der Altlastenerkundung.

Verfahren	Meßpunkt-abstände	Bemerkungen
Geomagnetik	1 - 5 m	quadratisches Meßnetz
Geoelektr. Kartierung	2 - 15 m	dto
Elektromagn. Kartierung	2 - 15 m	dto
Induzierte Polarisation	10 - 20 m	
Eigenpotentialmessung	5 - 20 m	
Bodenradar	-	kontinuierliche Registrierung
VLF	2 - 10 m	
Refraktionsseismik	1 - 10 m	Geophonabstände
Reflexionsseismik	5 - 20 m	dto
Gravimetrie	2 - 10 m	

5 Vorbereitung, Durchführung

5.1 Anwendungsbereiche bei Altlasten

Geophysikalische Messungen an Altlasten und neuen Deponiestandorten können zur Lösung folgender Probleme angewendet werden:

Erkundung der Geologie des Umfeldes: Mit Hilfe der Geophysik können geologisch-hydrogeologische Fragestellungen im Umfeld einer Altlast geklärt werden. Hierzu zählen die Erkundung des geologischen Schichtenaufbaus, der tektonischen und der hydraulisch wirksamen Strukturen, welche die Grund- und Sickerwasserbewegungen beeinflussen. Dieser geophysikalische Nachweis von Verwerfungen, Spalten oder Kluftzonen, z.B. in Karst- und Subrosionsgebieten, sowie die Ermittlung des Verlaufs und der Tiefe von Grundwasser-Horizonten sollte möglichst in der Umgebung jeder Altlast und an jedem neuen Standort erfolgen [9].

Erkundung der Altlast: Hierbei lassen sich zwei wesentliche Anwendungsbereiche unterscheiden:

Lokalisierung: Bei flächendeckenden Erhebungen und Untersuchungen von Einzelflächen kann die Geophysik feststellen, wo problematische Flächen liegen, unter denen überdeckte Altlasten zu vermuten sind.

Identifizierung: Für die Abschätzung des Gefahrenpotentials ist die Kenntnis der Verteilung bestimmter Schadstoffe innerhalb von Altlasten, z.B. galvanische Schlämme, erforderlich. Je nach anzutreffender Situation kann die Geophysik dabei Angaben über die räumliche und flächige Anordnung des gesuchten Materials machen, während Bohrungen nur punktbezogene Informationen liefern.

Außerdem können bei physikalisch homogenem Aufbau die Mächtigkeit einer Altlast und ggf. die Mächtigkeiten der abdichtenden Schichten geophysikalisch bestimmt werden.

Erkundung der Schadstoffausbreitung: Schadstoffe im Umfeld von Deponien können durch geophysikalische Messungen aufgespürt werden, wenn die physikalischen Eigenschaften des Untergrundes meßbar verändert worden sind. Dies gilt insbesondere für salinar gekennzeichnete Schadstoffe, die sich im Abstrom des Grundwassers ausgebreitet haben [22].

Der wesentliche Vorteil geophysikalischer Messungen an Altlasten liegt in der zerstörungsfreien Untersuchung. Während bei Bohrungen und Schürfarbeiten abdichtende Schichten perforiert und Deponieinhalte umgelagert werden müssen, wird bei geophysikalischen Messungen weder der Aufbau einer Deponie noch ihre Abdichtung beeinträchtigt. Arbeitsschutzmaßnahmen sind daher nur bei Altlasten mit toxischen Emissionen notwendig.

Tabelle 5.1 gibt, soweit dies möglich ist, einen Überblick, für welchen Anwendungsbereich die einzelnen geophysikalischen Verfahren geeignet, eingeschränkt geeignet bzw. ungeeignet sind.

Tabelle 5.1. Anwendungsmöglichkeiten der geophysikalischen Verfahren bei der Altlastenerkundung

Anwendungsbereich / Verfahren	Erkundung der Geologie des Umfeldes	Erkundung der Altlast	Erkundung der Schadstoffausbreitung	Bemerkungen
Geomagnetik	(+) (in Ausnahmefällen)	(+) (Bei magnetischem Inhalt)	–	entfällt b. Häufung von ferromagnetischen Installationen
Geoelektrische Kartierung	+ (nicht in allen Fällen geeignet)	+	(+) (Forschungsbedarf)	entfällt b. Häufung von metall. Leitungen und Installationen
Widerstandssondierung	+	(+) (Bei homogenem Aufbau)	dto.	dto.
Induzierte Polarisation	(+) (in Ausnahmefällen)	(+) (Forschungsbedarf)	(+) (Forschungsbedarf)	dto
Eigenpotentialmessungen	(+) (in Ausnahmefällen)	(+) (Forschungsbedarf)	–	dto
Elektromagnetische Kartierung	+ (Erkundungen v Verwerfungen u. ä.)	+	+	dto.
VLF	(+)	+	(+) (Forschungsbedarf)	Begrenzte Eindringtiefe
Bodenradar	(+) (nur in trockenem Substrat, geringe Tiefe)	(+) (nur zur Lokalisierung)	–	bedarf noch der Verifizierung
Refraktionsseismik	+ (nicht in allen Fällen geeignet)	(+) (nur zur Lokalisierung)	–	ziemlich aufwendig, Störungen durch Bodenunruhe
Reflexionsseismik	(+) (für manche Fragestellungen geeignet)	–	–	sehr aufwendig, Störungen durch Bodenunruhe
Gravimetrie	–	(+) (nur zur Lokalisierung)	–	aufwendig, nur bei ruhiger Topographie
Geothermik	–	(+) (Forschungsbedarf)	–	
Bohrlochgeophysik	grundsätzlich in allen Bohrungen anzuwenden			

+ Einsatz möglich
(+) Einsatz mit Einschränkung möglich
– Einsatz nicht möglich

Die erfolgreiche Anwendung geophysikalischer Methoden in der Altlastenerkundung hängt wesentlich von der Art des eingelagerten Materials und von den hydrogeologischen Standortverhältnissen ab. Allgemein gilt, daß die Anwendbarkeit geophysikalischer Verfahren an die Existenz hinreichend großer Unterschiede in den petrophysikalischen Eigenschaften des Untergrunds geknüpft ist (z.B. im spezifischen elektrischen Widerstand oder in der Ausbreitungsgeschwindigkeit der seismischen Wellen). Voraussetzung jeder geophysikalischen Untersuchung ist, daß keine störenden Einflüsse technischer Art (z.B. im Boden verlegte metallische Leitungen, Induktionen von Hochspannungsleitungen oder Verkehrsanlagen) in unmittelbarer Nähe des Meßgebietes vorhanden sind.

5.2 Altlastentypen

Es wird beschrieben, an welchen Altlastentypen und hydrogeologischen Standorttypen der Einsatz der einzelnen geophysikalischen Verfahren möglich ist. Die Ergebnisse sind in Tabelle 5.2 zusammengefaßt. Für jeden Typ wird dort die Anwendbarkeit der Verfahren angegeben. Es werden nur die Verfahren der Oberflächengeophysik behandelt. Eine entsprechende Zusammenstellung für die verschiedenen Verfahren der Bohrlochgeophysik ist in den Tabellen 2.1 bis 2.3 zu finden.

Es werden folgende Typen von Altlasten unterschieden:

Hausmülldeponie
Industriemülldeponie (Monodeponie)
Sondermülldeponie
Bauschuttdeponie
Erddeponie
Industriebrachen, z.B. Gaswerksgelände
Mischdeponien, die aus verschiedenen Typen bestehen
Sonstige Deponien

In Tabelle 5.2 sind nur die Altlastentypen aufgeführt, die im Modellstandortprogramm untersucht worden sind.

5.3 Anwendungsgrenzen

Allgemein gilt, daß die Anwendbarkeit geophysikalischer Verfahren an die Existenz hinreichend großer Unterschiede in den petrophysikalischen Eigenschaften des Untergrunds geknüpft ist. Darüber hinaus gelten für die einzelnen Verfahren spezielle Anwendungsgrenzen, die in diesem Abschnitt beschrieben werden.

Tabelle 5.2. Einsatzmöglichkeiten der geophysikalischen Verfahren an verschiedenen Altlastentypen und hydrogeologischen Standorttypen

Standorttypen / Verfahren	Altlasten-Typ			Hydrogeologie-Typ				Bemerkungen
	Hausmülldeponie	Industriemülldeponie	Industriebrache	Kluft- bzw. Karstgrundwasserleiter (Festgestein); Typen 8,9,14	Grundwassergeringleiter(Fest- oder Lockergestein),GW-Stand hoch; Typen 1,4,5,7	Grundwassergeringleiter(Fest- oder Lockergestein),GW-Stand tief; Typen 2,3,6	Porengrundwasserleiter (Lockergestein); Typen 10,11,12,13,15	
Geomagnetik	1)	2)	*	–	–	–	–	1) nur zur Lokalisierung 2) Ortung von Einzelobjekten
Geoelektrische Kartierung	+	+	+	*	+	+	+	
Widerstandssondierung	+	+	–	*	+	+	+	
Induzierte Polarisation	*	*	*	*	+	*	*	Forschungsbedarf
Eigenpotentialmessung	*	*	*	*	*	*	*	Forschungsbedarf
Elektromagnetische Kartierung	+	+	*	+	+	+	+	
VLF	+	+	*	+	+	+	+	
Bodenradar	*	*	+	–	–	*	*	sehr geringe Erkundungstiefe
Refraktionsseismik	*	+	+	+	+	+	–	
Reflexionsseismik	–	–	–	*	*	*	–	Erkundungstiefe >50m
Gravimetrie	*	*	–	–	–	–	–	
Geothermik	*	*	*	–	–	–	–	Forschungsbedarf

\+ Einsatz möglich

* Einsatz mit Einschränkung möglich

– Einsatz nicht möglich

Geomagnetik

Sie ist besonders gut zur Kartierung der Umgrenzung von Hausmülldeponien geeignet. An anderen Deponien kann sie nur eingesetzt werden, wenn ferromagnetisches Material eingelagert wurde. Bei gleichmäßiger Verteilung kann die Umgrenzung ermittelt werden, bei oberflächennaher Einlagerung einzelner magnetischer Objekte, z.B. von Metallfässern, kann deren Lage bestimmt werden (siehe Abschn. 2.1.1). Selbst wenn keine Eisenanteile vorhanden sind, kann ggf. abgelagertes Material mit unterschiedlicher Magnetisierbarkeit, z.B. bei Erddeponien, vom ungestörten Nebengestein magnetisch abgegrenzt werden.

Die Geomagnetik weist hohe Störanfälligkeit auf bei starken ferromagnetischen Fremdfeldern, z.B. durch eiserne Leitungen im Untergrund, bei eisernen Zäunen, Pfosten und Pegelverrohrungen, Nähe zur Bebauung etc. Diese künstlichen Einflüsse müssen bei der Interpretation berücksichtigt werden.

Die Erkundungstiefe ist eingeschränkt (siehe Abschn. 2.1.1) und vom Objektvolumen abhängig.

Die Lokalisierung einzelner ferromagnetischer Objekte innerhalb eines Körpers mit verstreutem Eisenanteil ist **nicht** möglich; z.B. kann ein einzelnes Faß im Hausmüll nicht gefunden werden.

Meist sind nur qualitative Aussagen über Form, Größe und Tiefenlage einzelner Objekte möglich.

Geoelektrik

Einschränkungen bestehen, wenn Bebauung, Stromleitungen, metallische Leitungen, Bahnlinien, Leitplanken etc.im Untersuchungsgebiet vorhanden sind.

Die Erdung der Elektroden ist schwierig bei Asphalt- und Betonböden und bei Folien zur Oberflächenabdichtung.

Gut leitende Schichten (z.B. Tone und Mergel) vermindern die Eindringtiefe.

Die Geoelektrik ist zeitaufwendig, da jeweils Elektroden und Sonden geerdet werden müssen.

Voraussetzung für geoelektrische Tiefensondierungen ist eine mehr oder weniger horizontale Schichtung des Untergrundes.

Bei Tiefensondierungen sind dünne Schichten schwer zu erkennen (Prinzip der Schichtunterdrückung) und es können mehrere äquivalente Lösungen möglich sein (Äquivalenzprinzip), vgl. Abschn. 2.2.1.

Die **Induzierte Polarisation (IP)** wird, wie alle elektrischen Verfahren, durch metallische Installationen gestört.

Die Meßergebnisse der **Eigenpotentialmessungen (EP)** lassen sich oft nur annähernd interpretieren, da sich Redox- und Fließpotentiale überlagern.

EP wird ebenfalls durch metallische Installationen gestört und ändert sich bei Temperaturschwankungen und Bodenfeuchtigkeit.

Elektromagnetik

Wird gleichfalls durch metallische Installationen gestört.

Die Tiefenlage von eingelagerten Objekten ist häufig schwer zu bestimmen.

Die Eindringtiefe ist bei der VLF- und VLF-R-Methode bis auf ca. 20 m begrenzt.

Bei der VLF- und VLF-R-Methode sollte das Meßprofil möglichst senkrecht zur Verbindungslinie zwischen weit entferntem Sender und zu untersuchendem Objekt stehen.

Das **Bodenradar (BR)** besitzt nur geringe Erkundungstiefe (wenige Dezimeter bis Meter).

BR ist empfindlich gegen Feuchtigkeit, nicht anwendbar bei stark durchfeuchtetem Boden oder Untergrund.

BR-Messungen sind bei stärkerem Bewuchs nur eingeschränkt möglich.

Große Datenmengen müssen bearbeitet werden.

Hoher Informationsgehalt kann, ohne entsprechende Erfahrung, zu Fehlinterpretationen führen.

Seismik

Refraktionsseismische Messungen können Deponieablagerungen und Nebengestein nur dann trennen, wenn sich die seismischen Geschwindigkeiten deutlich unterscheiden. Die Geschwindigkeiten in Altlasten und im Lockergestein sind häufig nicht unterschiedlich.

Die Refraktionsseismik ist aufwendig und kostenintensiv.

Bodenunruhe, z.B. durch Straßenverkehr, kann seismische Messungen stören.

Voraussetzung ist eine Zunahme der Wellengeschwindigkeit einzelner Schichten mit der Tiefe.

Die Refraktionsseismik hat nur eine geringe Schichtauflösung, dünne Schichten werden oft nicht erkannt.

Reflexionsseismische Messungen sind sehr aufwendig und kostenintensiv. Sie werden durch Bodenunruhe (z.B. Straßenverkehr) gestört.

Mit herkömmlichen Apparaturen ist die minimale Erkundungstiefe >50 m, da oberhalb die seismischen Messungen durch Oberflächenwellen gestört werden.

Dünne Schichten werden oft nicht erkannt.

Gravimetrie

Gravimetrische Anomalien von Altlasten sind im allgemeinen sehr gering. Sie können unter dem Korrekturniveau liegen und lassen sich dann nicht auswerten. Da außerdem hohe Untersuchungskosten entstehen, kann die Gravimetrie nur in Sonderfällen eingesetzt werden.

Schweremessungen sind sehr aufwendig.

Das Gravimeter sollte in der Altlastenerkundung möglichst nur in ebenem Gelände angewendet werden.

Gravimetermessungen benötigen eine umfangreiche Auswertung und Interpretation.

Fehlinterpretationen aufgrund geringer Schwereanomalien sind möglich.

Geothermik

Geothermische Messungen (GTH) sind nur beschränkt einsetzbar, da die Wärmeproduktion und die Wärmestromdichte über Altlasten häufig zu gering sind.

Geothermische Messungen sollten nur bei trockener Witterung und nachts ab 04 Uhr vorgenommen werden.

Sie unterliegen komplexen Störeinflüssen durch das Mikroklima.

5.4 Entscheidungshilfen

5.4.1 Methodenwahl

In Tabelle 5.3 werden für die Methodenwahl 9 häufig an Altlasten auftretenden Fragestellungen 12 geophysikalische Untersuchungsverfahren gegenübergestellt. Die Eignung der einzelnen Methoden wird in einer Skala von "geeignet" bis "nicht geeignet" bewertet. Die Bohrlochgeophysik ist in dieser Tabelle nicht enthalten.

Es ist zu beachten, daß Tabelle 5.3 eine starke Vereinfachung darstellt. Sie soll hauptsächlich dazu dienen, auch dem geophysikalischen Laien Anhaltspunkte zu geben, welche Verfahren bei bestimmten Problemen sinnvoll angewendet werden können, wobei die in Tabelle 5.2 aufgeführten Anwendungsmöglichkeiten an den verschiedenen Altlastentypen und hydrogeologischen Standorttypen, sowie die in Abschn. 5.3 aufgelisteten Anwendungsgrenzen berücksichtigt werden sollten.

Diese Entscheidungshilfe soll die Fachberatung durch einen Geophysiker nicht ersetzen, sondern anregen.

Tabelle 5.3. Entscheidungshilfe zur Methodenwahl

Verfahren / Fragestellungen	Geomagnetik	Geoelektrische Kartierung	Widerstands-sondierung	Induzierte Polarisation	Eigenpotential-messung	Elektromagnetische Kartierung	VLF	Bodenradar	Refraktions-seismik	Reflexions-seismik	Gravimetrie	Geothermik
Lokalisierung, Ausdehnung	+	+	–	(+)	–	+	(+)	(+)	(+)	–	(–)	–
Abdeckung : Durchlässigkeit	–	+	(–)	+	+	+	(+)	+	–	–	–	(–)
Abdeckung : Mächtigkeit	–	–	+	(+)	–	–	–	(+)	–	–	–	–
Mächtigkeit der Altlast	–	–	+	–	–	–	–	(+)	+	–	–	–
Ortung von Einzelobjekten 1)	(+)	+	–	(+)	(+)	+	+	+	–	–	–	–
Sickerwege in der Altlast	–	+	–	(+)	(+)	(+)	(+)	(+)	–	–	–	+
Sickerwege im Umfeld/Untergrund 2)	–	(+)	–	+	(+)	+	(+)	–	+	(+)	–	(–)
Sohlabdichtung : Einbau	–	–	+	–	(–)	–	–	–	–	–	–	–
Sohlabdichtung : Natürlich	–	–	+	–	–	(–)	–	–	(+)	(+)	–	–

1) auch Schadstoffkonzentrationen
2) auch Erkundung von Verwerfungs- und Karstsystemen

\+ Geeignet
(+) Nicht in allen Fällen geeignet
(–) In Ausnahmefällen geeignet
– Nicht geeignet

1) auch Schadstoffe, + geeignet, (+) nicht immer geeignet, (-) selten geeignet, - nicht geeignet

Im folgenden werden Beispiele für die Methodenauswahl gegeben:

Für einfachere Fragestellungen, wie die Lokalisierung und Feststellung der Ausdehnung einer Altlast und die Ortung von Einzelobjekten bzw. von Schadstoffkonzentrationen, sollten zuerst nur die einfachen und schnell durchzuführenden Verfahren herangezogen werden: Mit der Geomagnetik kann z.B. die Fläche einer überdeckten Hausmülldeponie rasch ermittelt werden. Bei ihrem Einsatz an einer Industriemonodeponie können z.B. Anhäufungen von Eisenteilen etc. geortet werden.

Eine elektromagnetische oder geoelektrische Kartierung sollte zur Ergänzung der Geomagnetik vorgenommen werden, z.B. zur Lokalisierung und Umgrenzung von Deponien ohne größeren Eisenanteile, zur Erkundung von Schadstoffkonzentrationen oder zur Ermittlung von Sickerwegen.

Die Mächtigkeit einer Altlast läßt sich entweder mit einer geoelektrischen Tiefensondierung, insbesondere in Lockergesteinsumgebung, oder mit der Refraktionsseismik, falls im Liegenden Festgestein ansteht, ermitteln.

Wenn hydrogeologische Fragestellungen zu klären sind, verspricht die Kombination der geoelektrischen Kartierung mit Tiefensondierungen guten Erfolg, z.B. zur Erkundung der Beschaffenheit und Mächtigkeit von Deckschichten und/oder der Mächtigkeit und Erstreckung von Grundwasserleitern und -stauern. Mit elektromagnetischen Kartierungen können Sickerwege auch in klüftigem Festgestein verfolgt werden. Die Ermittlung der Mächtigkeit von Lockersedimenten und der Verwitterungsdecke über Festgestein und somit der Morphologie der Felsoberfläche ist dagegen eher eine Aufgabe der Refraktionsseismik.

Es muß abgewogen werden, ob es günstiger ist, verschiedene Methoden gleichzeitig anzuwenden oder diese stufenweise nacheinander durchzuführen. Eine mögliche Vorgehensweise ist, die Messungen in zwei Phasen zu unterteilen:

1. Phase: Vorerkundung zur übersichtshaften Vermessung. Hier sollten die schnellen und kostengünstigen Methoden der Geomagnetik, Gleichstromgeoelektrik und elektromagnetischen Kartierung bevorzugt werden.

2. Phase: Haupterkundung. Die Messungen sollten in ausgewählten Bereichen mit den bereits in der ersten Phase zur Anwendung gekommenen Verfahren verdichtet werden. Zur Klärung von Spezialproblemen können auch aufwendigere Verfahren zum Einsatz kommen, z.B. Induzierte Polarisation und Refraktionsseismik. In solchen Fällen sollte die Palette verschiedener Methoden, ggf. unter Hinzuziehung anderer Disziplinen, in einer Kosten-Nutzen-Betrachtung zusammengestellt werden, wobei die Tabellen 4.1 bis 4.3 zu Rate gezogen werden sollten.

5.4.2 Erforderliche Vorkenntnisse

Geophysikalische Erkundungen dürfen nicht schematisch vorgenommen werden. Die Untersuchungen sind nach Art, Umfang, räumlicher Anordnung und zeitlichem Ablauf den geologischen Eigenarten und spezifischen Standortverhältnissen, sowie den Erkenntnissen aller vorhergegangenen Erkundungen anzupassen. Die Ermittlung und Bewertung der geophysikalischen Daten sollte nur durch Geophysiker in enger Zusammenarbeit mit Ingenieuren, Geologen und Hydrogeologen erfolgen. Die Interpretation der Meßwerte erfordert große Erfahrung.

Auch zur Auswahl der jeweils geeigneten Untersuchungsmethoden gehören umfangreicher Sachverstand und -Kenntnis. Lediglich für einfachere Fragestellungen, wie z.B. der Lokalisierung und Erfassung der randlichen Begrenzung einer Hausmülldeponie, kann eine standardisierte Vorgehensweise vorgegeben werden. Dagegen ist zur Erkundung der Geologie des Umfeldes und der Schadstoffverbreitung in der Regel die Berücksichtigung von geologisch-hydrogeologischen Informationen und die enge Zusammenarbeit mit Fachleuten verschiedener Fachrichtungen notwendig, um ein geeignetes Untersuchungsprogramm aufzustellen. Es gilt:

Je weniger Vorinformationen vorhanden sind, desto komplexer und damit auch teurer sind Messungen und Auswertungen.

Die der Geophysik bei der Altlastenerkundung gestellten Aufgaben können nur in seltenen Fällen durch den Einsatz einzelner Verfahren befriedigend bearbeitet werden. Es sollte möglichst eine Kombination von verschiedenen Verfahren eingesetzt werden. Angaben darüber, welche Verfahren sich ergänzen und möglichst kombiniert angewendet werden sollten, sind dem Abschn. 5.5 zu entnehmen. Da geophysikalische Ergebnisse auch mehrdeutig sein können, sollten die Daten verschiedener Methoden abgeglichen und den Resultaten anderer Disziplinen, z.B. der Geologie und der Hydrogeologie, oder von Bohrungen und Schürfarbeiten gegenübergestellt werden. Aus dem Vergleich der Ergebnisse können viele Aussagen abgeleitet werden, die sich durch Einzelmessung nicht ergeben.

5.4.3 Vorarbeiten

Der erste Schritt in der Planung eines geophysikalischen Untersuchungsprogramms durch das beauftragte Ingenieurbüro besteht in der detaillierten Festlegung des Untersuchungsziels bzw. der Fragestellungen. Dabei sind genaue Definitionen unerläßlich.

Für die Erarbeitung eines Meßprogramms und die Einschätzung der Aussagekraft eines Verfahrens in Bezug auf die Fragestellung sind insbesondere die örtlichen Verhältnisse von Bedeutung. Hierzu zählen die Befahr- bzw. Begehbarkeit des zu untersuchenden Objektes, Nähe zur Bebauung oder zu Verkehrsanlagen, die Geländeform sowie Hindernisse, wie z.B. Hochspannungsleitungen, Leitungen für Wasser oder Gas im Untergrund. Vorabinformationen über die hydrogeologischen Verhältnisse spielen z.B. bei der Erkundung der Schadstoffverbreitung eine wichtige Rolle.

Hilfsmittel, die vom Auftraggeber zur Verfügung gestellt werden müssen, sind z.B. Lagepläne, eingemessene Punkte und Höhen, sowie bereits vorliegende Erkenntnisse aus vorangehenden Erkundungen, wie z.B. aus der historische Erkundung oder aus Bohrungen.

Geowissenschaftliche Informationen über den Untergrund im Bereich einer Altlast können fast immer von den Geologischen Landesämtern bezogen werden. Diese verfügen über geologische Karten und andere Landesaufnahmen, sowie über zusätzliche Spezialkarten zur Hydrogeologie, Bodenkunde, Ingenieurgeologie oder Lagerstättenkunde. Die Geologischen Landesämter und die Bergämter unterhalten außerdem Bohrarchive und -datenbanken, aus denen abgefragt werden kann, ob bereits Aufschlußdaten über den Untergrund im Nahbereich einer Altlast vorhanden sind.

Auf der Grundlage dieser Informationen läßt sich dann ein geeignetes Meßprogramm aufstellen. Anhaltspunkte darüber, welche geophysikalische Verfahren für bestimmte Fragestellungen geeignet sind, ist der Entscheidungshilfe: Methodenauswahl in Tabelle 5.3 zu entnehmen. Tabelle 5.2 gibt an, an welchen Altlasten und hydrogeologischen Standorttypen die Verfahren eingesetzt werden können. Bei der Aufstellung eines Meßprogrammes sollte jedoch stets ein Geophysiker zu Rate gezogen werden.

In Tabelle 5.4 sind die in diesem Abschnitt beschriebenen Punkte, die bei den Vorarbeiten beachtet werden sollten, in Form einer Checkliste zusammengestellt.

Tabelle 5.4. Checkliste für die Vorarbeiten eines geophysikalischen Untersuchungsprogramms

1. Definition des zu untersuchenden Objekts und der Zielsetzung.
2. Beurteilung der Geländeverhältnisse in Bezug auf: Anwendbarkeit des Verfahrens, Befahr- und Begehbarkeit, Messungen beeinflussende Installationen wie Hochspannungsleitungen, Leitungen für Gas oder Wasser im Untergrund, Nähe von Bebauung und von Verkehrsanlagen.
3. Einholen von Informationen. Diese können vorhanden sein: beim Auftraggeber bei den Geologischen Landesämtern bei den Vermessungs- oder Bergämtern.
4. Art der Information: Lagepläne mit eingemessenen Punkten und Höhen Bohrprofile aus dem Untersuchungsgebiet und Umgebung Geologie und Stratigraphie Hydrogeologische Situation Tektonik.
5. Einschätzung der Aussagekraft des Verfahrens in Bezug auf die Fragestellung.
6. Ausarbeitung eines Meßprogramms mit Festlegung der Meßprofile bzw. des Meßrasters mit Profil- und Meßpunktabständen, die der geforderten Erkundungstiefe und Meßgenauigkeit entsprechen.

5.4.4 Auswertung und Interpretation

Die Auswertung und Interpretation geophysikalischer Meßwerte sollte mit der gleichen Sorgfalt und Vorsicht, wie die Messungen vorgenommen werden.

Die Auswertung sollte unter Anwendung von erprobten DV-Programmen erfolgen. Die Ergebnisse der Messungen sind in einer geeigneten, auch für Nicht-Fachleute verständlichen Weise darzustellen, z.B. in Isolinien- oder Profildarstellungen. Um die Ergebnisse verschiedener Verfahren vergleichen zu können, sollten alle mit demselben Maßstab wiedergegeben werden.

Es ist eine kritische Überprüfung der Ergebnisse durch einen erfahrenen Geophysiker durchzuführen und zu fragen, ob die Resultate mit bekannten Eigenschaften der Altlast und dem geologisch-hydrogeologisch-tektonischen Aufbau des Nebengesteins übereinstimmen. Rein formale Auswertungen, denen dieser interdisziplinäre Abgleich fehlt, sind abzulehnen.

Eine Checkliste für die Auswertung und Interpretation geophysikalischer Messungen ist in Tabelle 5.5 aufgeführt.

Tabelle 5.5. Checkliste für die Auswertung und Interpretation geophysikalischer Untersuchungen

1. Anwendung anerkannter DV-Programme.
2. Geeignete, klare Darstellung, die auch für Nicht-Fachleute verwertbar ist, z.B. in Form von farbigen Profil-, Isoliniendarstellungen und Raumbildern.
3. Übertragen der Ergebnisse verschiedener Verfahren in Kartenmaterial mit festgelegtem, einheitlichem Maßstab.
4. Kritische Überprüfung der Ergebnisse und Vergleich zwischen verschiedenen geophysikalischen Methoden.
5. Interdisziplinärer Abgleich der Ergebnisse mit Eigenschaften der Altlast sowie mit dem geologischen, hydrogeologischen und tektonischen Aufbau des Nebengesteins.

5.4.5 Nachfolgearbeiten

Nachdem die Meßergebnisse ausgewertet, interpretiert und mit den Ergebnissen anderer, auch nicht geophysikalischer, Untersuchungsmethoden verglichen worden sind, kann es notwendig sein, ergänzende Messungen durchzuführen.

So sollten in Gebieten mit geophysikalischen Anomalien die Messungen ggf. mit verdichtetem Meßraster ergänzt werden. Bei Anomalien, deren Ursache unbekannt ist, wird eine Verifizierung durch Bohr- oder Schürfarbeiten empfohlen.

Tabelle 5.6 enthält eine Checkliste für die Nachfolgearbeiten geophysikalischer Messungen.

Tabelle 5.6. Checkliste für die Nachfolgearbeiten geophysikalischer Untersuchungen

1. Durchführung eines ergänzenden Untersuchungsprogramms, zur Verdichtung der Messungen in Gebieten mit Anomalien.
2. Ausdehnung der geophysikalischen Messungen ins Umfeld in Richtung fortstreichender Anomalien, z.B. zur Verfolgung von Schadstoffahnen.
3. Verifizierung der geophysikalischen Ergebnisse anhand von Bohr- und/oder Schürfarbeiten.

5.5 Methodenkombinationen

Jedes geophysikalische Verfahren liefert unterschiedliche Erkenntnisse über spezielle physikalische Eigenschaften der Gesteine oder des Materials im Untergrund. Es sollten daher möglichst mehrere geophysikalische Methoden miteinander kombiniert werden. Dadurch besteht die Möglichkeit der wechselseitigen Kontrolle, oder es können verschiedene Eigenschaften ermittelt und miteinander verglichen werden. Somit können Einzelergebnisse bestätigt und erweitert werden.

Welche Art von Kombination am sinnvollsten ist, hängt weitgehend von den Standortverhältnissen und der speziellen Zielsetzung ab, so daß allgemeingültige Methodenkombinationen nur unter Vorbehalt angegeben werden können. In Tabelle 5.7 werden Beispiele für derartige Methodenkombinationen gemacht.

Die Praxis hat gezeigt, daß eine Kombination der schnellen und kostengünstigen Verfahren Geomagnetik, geoelektrische oder elektromagnetische Kartierung häufig zur Altlastenerkundung ausreicht. Mit dieser Kombination läßt sich ggf. ein schneller Überblick über die räumliche Ausdehnung einer Altlast, die Beschaffenheit der Abdeckung, das Vorhandensein und die ungefähre Lage einzelner Objekte innerhalb der Altlast, sowie ggf. über Sickerwege in der Altlast und in ihrem Umfeld gewinnen.

Weitere und aufwendigere Methoden, wie geoelektrische Tiefensondierungen, Bodenradar, Induzierte Polarisation und Seismik, sollten erst in einer zweiten Erkundungsphase zur Lösung spezieller Fragestellungen angewendet werden. Sie sind insbesondere dort einzusetzen, wo die o.g. "Standardmethoden" einer Ergänzung bedürfen.

Beispiele für Methodenkombinationen:

Geoelektrische Tiefensondierungen und refraktionsseismische Messungen ergänzen sich gut bei der Erkundung der Hydrogeologie und des Schichtenbaues im Umfeld. Außerdem können beide Verfahren ggf. die Mächtigkeit einer Altlast ermitteln. Die zusätzliche Anwendung der elektromagnetischen Kartierung oder des VLF-Verfahrens, mit dichtem Meßraster, liefert ggf. weitere Kenntnisse über salinare Schadstoffkonzentrationen innerhalb der Altlast bzw. über Fließwege von Deponiesickerwässern. Diese können durch die Induzierte Polarisation genauer und detaillierter erfaßt werden.

Das Bodenradar sollte ergänzend angewendet werden, um die geomagnetisch/geoelektrischen Hinweise auf flachliegende Fundamente, Leitungen und ähnliche feste Körper zu überprüfen. Es werden auch nichtmetallische Leitungen oder Körper erfaßt, welche die Standardmethoden nicht nachweisen können.

Die Reflexionsseismik sollte hauptsächlich bei der Erkundung des geologisch-hydrogeologisch-tektonischen Aufbaus erst unterhalb 50 m eingesetzt werden, also bei großen Erkundungstiefen.

Wenn in einer Altlast oder im Umfeld Bohrungen niedergebracht werden, sollten in jedem Fall geophysikalische Bohrlochmessungen erfolgen, um die Ergebnisse der geophysikalischen Messungen an der Erdoberfläche zu kontrollieren und tiefengenau zu "eichen".

5.6 Forschungs- und Entwicklungsbedarf

Die sich häufende Anwendung verschiedener geophysikalischer Verfahren auf die Erkundung von Altlasten hat ergeben, daß erhebliche Forschungsaufgaben bewältigt werden müssen, um die Geophysik an Altlasten besser anwendbar und interpretierbar zu machen.

Insbesondere sind die physikalischen Eigenschaften des Mülls noch weitgehend unbekannt. Eine Ausnahme bilden die magnetischen Eigenschaften eiserner Müllbestandteile, deren Magnetisierbarkeit und Suszeptibilität z.T. bekannt sind.

Das elektrische Verhalten von Schad- und Abfallstoffen ist noch weitgehend unbekannt. Einige Komponenten, wie eingelagerte Industrieschlämme, weisen sehr niedrige Widerstände auf. Für viele Stoffe oder Körper, z.B. für Kohlenwasserstoffe und chemische Abfälle sind die spezifischen elektrischen Widerstände nicht oder nur annähernd bekannt.

Auch die Nachweisbarkeit durch IP-Messungen steht bisher nur für wenige Abfallstoffe fest. Polarisierbar sind z.B. galvanische Schlämme, Kunststoffe mit metallischen Überzügen, Druckerzeugnisse mit graphitischer Druckerschwärze und Keramikscherben mit metallhaltiger Glasur.

Generell gilt, daß die physikalischen Eigenschaften des Mülls, bekannt sein müssen, um geophysikalische Anomalien richtig zu interpretieren. Hier ist noch umfangreiche Forschungsarbeit zu leisten, bis der Kenntnissstand, der in der Erzprospektion zu großen Erfolgen geführt hat, erreicht ist.

Außerdem fehlen Erfahrungen bei speziellen Aufgaben. Beispielsweise sollte untersucht werden, ob die Induzierte Polarisation zur Unterscheidung von Tonen und salinaren Sickerwässern angewendet werden kann. Tone und salzwasserführende Sande haben die gleichen, sehr niedrigen, scheinbaren spezifischen Widerstände, weisen jedoch unterschiedliche IP-Effekte auf.

Die Anwendung der Seismik auf Altlasten oberhalb 100 m Tiefe mit hochfrequenten, hochauflösenden Apparaturen, befindet sich noch in der Erprobungsphase. Auch seismische Geschwindigkeiten von Schadstoffen konnten bisher nur an wenigen Altlasten bestimmt werden.

Eigenpotentialmessungen können z.Zt. nur qualitative Übersichtskenntnisse vermitteln, da die Trennung der Potentiale, die bei Oxydations- und Reduktionsvorgängen entstehen, von denen, die sich bei der Filtration bzw. Durchströmung von Flüssigkeiten aufbauen, noch nicht möglich ist. Es ist zu klären, ob und wie diese beiden Potentiale unterschieden werden können. Es ist weiter zu erforschen, ob versickerte Kohlenwasserstoffe tatsächlich Eigenpotentiale beeinflussen, um entsprechenden, bisher unbewiesenen Behauptungen, entgegnen zu können.

Geophysikalische Messungen könnten nicht nur zur Erkundung, sondern auch zur **Überwachung von Altlasten** eingesetzt werden. Gegenwärtig wird am Rand von Deponien, entsprechend der "Technischen Anleitung Abfall" ein Kranz von Pegelbohrungen abgeteuft. In regelmäßigen Abständen werden darin Wasserproben entnommen und die Wasserbeschaffenheit überprüft.

Falls ein Leck in der Basisabdichtung einer Deponie auftritt, kann dieses erst bemerkt werden, wenn das austretende Sickerwasser den Rand der Deponie erreicht hat und dort in den Wasserproben aus den Pegelbohrungen nachgewiesen wird. Dieser Nachweis kann u.U. erst Wochen bis Monate nach dem Zeitpunkt der Leckage geführt werden, da sich das Deponiesickerwasser nur langsam ausbreiten kann. Von Schadenfällen ist bekannt, daß sich das Sickerwasser vorwiegend zwischen Folie und mineralischer Tondichtung langsam ausbreitet. Seltener haben sich Sickerpfade in der geologischen Barriere gebildet.

In Bild 5.1 wird ein Versuch geschildert, bei dem in eine 3 mm dicke Basisdeckfolie und in das textile Schutzvlies ein Loch von 0,8 Länge und 0,1 m Breite geschnitten wurde. In einem Meßnetz von 10 x 10 m^2 wurden die scheinbaren spezifischen Widerstände in 6-Stunden Abständen in Wenner-Anordnung gemessen. Im Meßnetz war vor der Durchlöcherung ein Anstieg der ρs-Werte von 22 Ωm im Nordwesten auf 33 Ωm im Südosten registriert worden.

24 Stunden nach der Perforation und nach einem Regenfall von 45 mm, haben sich die scheinbaren spezifischen Widerstände am Loch um >10 Ωm erniedrigt (Bild 5.1 a). Diese negative Anomalie, und damit wahrscheinlich auch die Ausbreitung des Sickerwassers unter der Folie, ist in Ost-West Richtung 3,6 m lang und in Nord-Süd Richtung 2 m breit.

Nach 96 Stunden und insgesamt 62 mm Regen (Bild 5.1 b) hat sich diese "Schadstoffahne" auf 5,3 m in Ost-West Richtung und auf 2,6 m in Nord-Süd Richtung vergrößert. Der Widerstand hat sich dagegen geringfügiger vermindert.

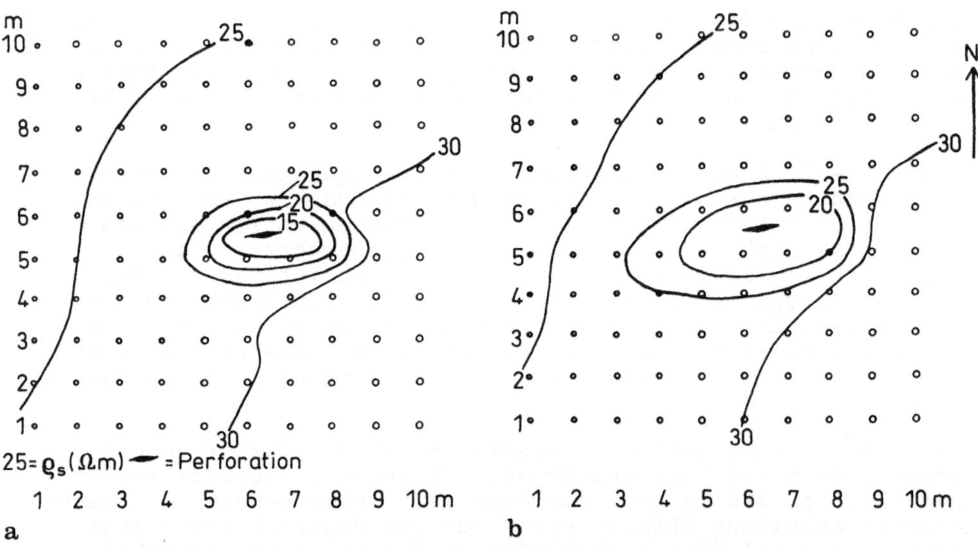

Bild 5.1. Veränderung des elektrischen Widerstandes innerhalb einer mineralischen Basisabdichtung einer Neudeponie nach Perforation der Basisfolie. a) nach 24 Stunden und 45 mm Regen, b) nach 96 Stunden und 62 mm Regen.

In diesem Versuch (Bild 5.1) lagen auf der Basisfolie und dem Schutzvlies nur Feinkies und Drainagerohre; der Müll fehlte noch. Die Verminderung des elektrischen Widerstandes wurde deshalb lediglich von Regenwasser mit $\rho s \sim 40$ Ωm verursacht. Unter einer Hausmülldeponie hätte diese Leckage den elektrischen Widerstand unter der Folie viel tiefer abgesenkt, da deren salzige Sickerwässer meist Widerstände < 10 Ωm aufweisen.

In jedem Fall sind erhebliche Aufwendungen nötig, um einen derartigen Schaden zu beheben. Es sollte deshalb geprüft werden, ob eine sofortige Leckage-Meldung durch häufige Wiederholungsmessungen des elektrischen Widerstandes möglich ist. Jede Verletzung der Folie und das Einsickern der salinaren Deponiewässer unter die Folie würde sich durch die sofortige Verminderung des elektrischen Widerstandes verraten.

Es wird vorgeschlagen versuchsweise in der obersten Schicht einer mineralischen Basisabdichtung Edelstahlelektroden in 10 m Abständen fest einzubetten und für die Stromzufuhr bzw. Spannungsmessung in der Wenner-Anordnung auf Dauer zu verdrahten. Wahrscheinlich könnte so jede Leckage ohne Verzögerung entdeckt werden. In Bild 5.2 wird eine solche geoelektrische Überwachung schematisch dargestellt.

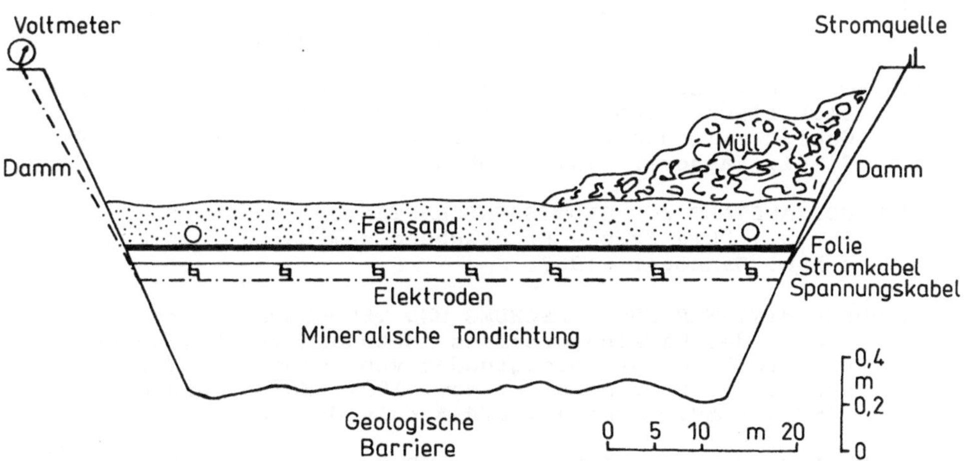

Bild 5.2. Schema einer geoelektrischen Leckage-Überwachung von Deponien. Fest in die mineralische Basisabdichtung eingebaute Meßelektroden, sollen Veränderungen des elektrischen Widerstandes bzw. das Eindringen von Deponiesickerwässern sofort melden.

Dies sind nur einige Beispiele für den Forschungsbedarf, der in der Altlastenerkundung besteht. Bei allen geophysikalischen Entwicklungsvorhaben ist zu berücksichtigen, daß ihre Resultate nicht nur zur Verbesserung der geophysikalischen Interpretation führen, sondern auch Daten liefern, welche die Sanierungstechnologie erweitern und verbessern können.

6 Literatur

[1] BENDER, F. (Hrsg).: Methoden der angewandten Geophysik und mathematische Verfahren in den Geowissenschaften.- Angewandte Geowissenschaften Bd. 2; 1-766, Stuttgart: Enke 1985, **ISBN 3-432-91021-5.**

[2] BERKTOLD, A.; SCHLEICHER, F.; STROBL, P.; MATHES, P.; DURLESSER, H.P.: Möglichkeiten und Grenzen des VLF-R Verfahrens im Ingenieur/Umweltbereich.- Münchener Geophys. Mitt. 1, 65-86 1992, **ISSN 0931-2145.**

[3] BOOM-van den, GÜNTER & ORT, MATTHIAS (1991): Anwendung eines gasgeochemischen Reconnaissance Verfahrens zur Bestimmung von Helium und Radon in der Bodenluft Am Beispiel von Ronneburg-Seelingstädt (Thüringen).- Bericht **BGR-Archiv Nr. 108203,** 1-23, Hannover.

[4] BREDEWOUT, J.W.: Detection of iron objects with magnetic and EM methods.- 52 EAEG Meeting. Copenhagen: 1990.

[5] BROST, E., ELLWANGER, D.: Einige Ergebnisse neuerer geoelektrischer und stratigraphischer Untersuchungen im Gebiet zwischen Kaiserstuhl und Kehl.- Geol. Jb. **E 48,** 71-81, Hannover 1991, **ISSN 0341-6410.**

[6] BUNDESANSTALT FÜR GEOWISSENSCHAFTEN UND ROHSTOFFE (Hrsg.): Die Erde - Erforschung zum Nutzen der Menschen. Hannover: 1987.

[7] BUNDESMINISTER FÜR FORSCHUNG UND TECHNOLOGIE (Hrsg).: Berichte des Verbundvorhabens "Methoden zur Erkundung und Beschreibung des Untergrundes von Deponien und Altlasten".- 1. Statusseminar Nov. 1991, Förderkennzeichen 146060 5 A0, Hannover, **BGR-Archiv Nr.:109 492,** 1992.

[8] DÜRBAUM, H.-J.; REICHERT, C.; BRAM, K. (Hrsg.): Integrated Seismics Oberpfalz 1989, Longterm logging and testing programme of the KTB-Oberpfalz VB. KTB-Report, 90-6b. Hannover: Niedersächsisches Landesamt für Bodenforschung 1990.

[9] FÖRSTNER, U.: Umweltschutztechnik - 1-462, Berlin, Springer 1990, **ISBN 3-540-52154-2.**

[10] FRASER, D.: Resistivity mapping with an airborne multi-coil electromagnetic system. Geophysics **43** (1978) 144-172.

[11] GEYH, M. A.: Methoden der Umweltisotope - In Schneider, H. (Hrsg.) Die Wassererschließung, 339-354, Essen, Vulkan 1988.

[12] HERING, E., Schulz, W.: Kernkraftwerke, Radioaktivität und Strahlenwirkung.- Düsseldorf: VDI-Verlag 1987, **ISBN 3-18-400793-6.**

[13] HOMILIUS, J.; FLATHE, H.: Geoelektrik in der Wassererschließung. In: SCHNEIDER, H. (Hrsg.): Die Wassererschließung, 3. Aufl. Essen: Vulkan 1988.

[14] INST. DR. JUNGBAUER + PARTNER: Modellstandort Geislingen - Technische Erkundung, Zwischenberichte. Stuttgart: 1988/89

[15] LURGI / OBERMEYER: Modellstandort Leonberg - Erkundung E1-3, Zwischenberichte. Frankfurt/Main: 1988/89 (unveröff.)

[16] MILITZER, H.; WEBER, F. (Hrsg.): Angewandte Geophysik, Band 1 (Gravimetrie und Magnetik). Wien, New York: Springer 1984.

[17] MILITZER, H.; WEBER, F. (Hrsg.): Angewandte Geophysik, Band 2 (Geoelektrik, Geothermik, Radiometrie und Aerogeophysik). Wien, New York: Springer 1985.

[18] MUNDRY, E. & HOMILIUS, J.: Dreischichtmodellkurven für geoelektrische Widerstandsmessungen - Schlumberger Anordnung.- Schweizerbart, Stuttgart 1979.

[19] PRAKLA-SEISMOS AG: Umwelt-Geophysik und Altlasten - Prospekt. Hannover: 1990.

[20] REPSOLD, H.; SCHNEIDER, E.: Bohrlochmessungen bei der Wassererschließung in SCHNEIDER, H. (Hrsg.): Die Wassererschließung, 3. Aufl. Essen: Vulkan 1988.

[21] RÖVER + PARTNER / TAUW: Modellstandort Mannheim Friesenheimer Insel - Technische Erkundung, Zwischenberichte. Bensheim: 1988/89 (unveröff.).

[22] Rüter, H.; Elsen, R.: Geophysikalische Methoden bei der Altlastenerkundung. In Thome'-Kozmiensky, K. J. (Hrsg.) Altlasten 3, 89-115. Berlin, EF-Verlag, 1989.

[23] SCHLEGEL & PARTNER: Modellstandort Deponie Herten - 1./2. Technische Erkundung, Zwischenberichte. Stuttgart: 1988/89 (unveröff.).

[24] SENGPIEL, K.P.: Resistivity/depth mapping with airborne electromagnetic survey data. Geophysics **48** (1983), 181-196.

[25] TGU: Modellstandort Osterhofen - Zwischenberichte. Koblenz: 1988/89 (unveröff.).

[26] THIERBACH, R. & MAYRHOFER, H.: Elektromagnetische Reflexionsmessungen in Salzlagerstätten.- Fifth international symposium on salt, 393-403, Hamburg 1978.

[27] VAN ZIJL, J.S.V.; KÖSTLIN, E.O. (Hrsg.): Field manual for technicians No. 3, The electromagnetic method. Johannesburg: South African Geophysical Association 1985.

[28] VEDEWA: Erkundung des Modellstandortes Bitz - Zwischenberichte. Stuttgart: 1988/89 (unveröff.).

[29] VOGELSANG, D.:Bohrlochmessungen in Bohrungen zur Vorerkundung der Tiefbohrlokationen Oberpfalz und Schwarzwald, Ablauf, Methodik und Ergebnisvergleich.- Geol. Jb. **E 41**:5-19; Hannover 1988.

[30] VOGELSANG, D. & STETTNER, G.: Bohrungen zur Vorerkundung der Tiefbohrlokation Oberpfalz - Petrographie und Bohrlochgeophysik-.- Geol. Jb. **E 41**:27-42; Hannover 1988.

[31] VOGELSANG, D.; SCHIMER, W.; STRASSBURGER, A.: Materialien zur Altlastenbearbeitung, Band 2 (Leitlinien zur Geophysik an Altlasten). Karlsruhe: Landesanstalt für Umweltschutz Baden Württemberg 1990.

[32] VOGELSANG, D.: Geophysik an Altlasten, Leitfaden für Ingenieure, Naturwissenschaftler und Juristen.- Springer: 1-133; ISBN 3-540-53948-4, Berlin, Heidelberg 1991.

[33] WALLACH, G.: Erkundungsmethodische Grundlagen der Risikobewertung von Altlastverdachtsflächen.- Radex-Rdsch **3/4**, 583-597. Leoben 1991.

[34] WEBER / IFU / TAUW: Modellerkundung Mühlacker - Zwischenberichte. Pforzheim: 1988/89 (unveröff.).

Anhang: Ausschreibung geophysikalischer Arbeiten

Vorgehen

Nachdem die Methodenauswahl erfolgt ist, kann eine sachgemäße Anfrage bzw. Ausschreibung erfolgen.

Die folgende Tabelle enthält Angaben, die in Ausschreibungen geophysikalischer Untersuchungsarbeiten enthalten sein sollten.

Tabelle Anhang 1: Empfehlungen zum Inhalt geophysikalischer Ausschreibungen

Lage, Größe, Oberflächengestalt des Meßgebietes	Topogr. Karten mit Vorschlägen für Profilverlauf	Geplante Profillänge, ~Anzahl der Meßpunkte Vorschlag Meßanordnung
Genaue Beschreibung v. Objekt u. Fragestellung	Beschreibung Geologie, Tektonik, Hydrologie	Zeiten: Beginn/Ende von Geländearbeiten, Auswertung und Berichtserstellung

Jede Ausschreibung sollte flexibel formuliert sein. Dabei ist vor allem das Gesamtvolumen der auszuführenden Arbeiten zu beschreiben (z.B. Anzahl der Meßpunkte, Größe des Gebietes etc). Der Auftragnehmer sollte durch Vorgaben nicht allzusehr eingeengt werden, sondern die Möglichkeit haben, eigene Vorstellungen einzubringen. Er sollte z.B. optimale Daten für Meßpunktabstände, Profilrichtungen und Meßanordnungen vorschlagen können.

Einzelheiten sollten nur insoweit vorgeschrieben werden, als dies für das Erreichen des Ziels erforderlich ist. Unabdingbar sind jedoch Vorgaben über die geforderte Erkundungstiefe und Meßgenauigkeit; bei manchen Verfahren ist auch die Verwendung von bestimmten Meßgeräten (z.B. Protonenmagnetometer bei der Geomagnetik) vorzuschreiben.

Für die Darstellung der Meßergebnisse sollte angegeben werden, ob sie in Karten, Profilen, Raumbildern, farbig oder schwarzweiß, wiederzugeben sind. Für die Auswertung und Interpretation der Meßdaten sollte nur die Einhaltung des Standes der Forschung und Technik gefordert werden, denn bei komplizierten Problemen kann erst nach Durchführung der Geländemessungen an Hand der Rohdaten entschieden werden, welche Auswerteschritte notwendig sind.

Da geophysikalische Meßwerte meist keine direkt verwertbaren Größen sind, sondern interpretiert werden müssen, können Auswertung und Interpretation erheblichen Aufwand verursachen, der sogar den der Geländemessungen übersteigen kann. Die Preise für Messungen und Interpretation sollten deshalb getrennt ermittelt werden.

Ebenso wichtig ist die Vergleichbarkeit der Ergebnisse und Interpretationen, die mit verschiedenen geophysikalischen Verfahren erzielt worden sind. Deshalb müssen die Meßpunkte aller Verfahren auf denselben topographischen Karten und Lageplänen in einheitlichem Maßstab eingetragen werden.

Eine verbindliche Ausschreibung mit dem Zwang zum billigsten Anbieter ist nicht immer sinnvoll. Einschlägige Erfahrungen (Referenzen) und die erwiesene Zuverlässigkeit der Firma sollten als Auswahlkriterium, neben dem angebotenen Preis berücksichtigt werden.

Im Folgenden sind Beispiele für Ausschreibetexte für einige geophysikalische Verfahren aufgeführt, die bei der Altlastenerkundung häufig angewendet werden.

Tabelle Anhang 2: Checkliste für die Ausschreibung und Vergabe eines geophysikalischen Untersuchungsprogramms

1. Erstellen einer sachgemäßen, flexibel formulierten Ausschreibung für das Untersuchungsvorhaben. Mit genauem Arbeitsprogramm und Vorschriften für die Durchführung der Messungen, der Auswertung, der Interpretation und die Darstellung der Ergebnisse in einem Bericht.
2. Anfrage nach Preisen für Arbeitsvorbereitung, An- und Abtransport, geophysikalische Messungen, Stundensätze, Geräte, Fahrten, Fahrzeuge, Auswertung, Interpretation und Erstellung eines Berichtes.
3. Vergabe des Untersuchungsprogramms an einen Anbieter unter Berücksichtigung der Kosten, der Referenzen und der Zuverlässigkeit des Anbieters.

Beispiele

Die im Folgenden wiedergegebenen Verfahrensbeschreibungen und Ausschreibetexte beziehen sich auf häufig angewendeten Methoden. Für seltener eingesetzte Verfahren, wie z.B. Gravimetrie und Reflexionsseismik, wird analoges Vorgehen empfohlen.

Die Verfahrensbeschreibungen gliedern sich in die drei Teile: Vorarbeiten, Geländearbeiten, sowie Auswertung und Interpretation. Sie erheben keinen Anspruch auf Vollständigkeit.

Muster-Auschreibung: Geomagnetik

Vorarbeiten

1. Auswahl des Meßgerätes mit Festlegung der zu registrierenden Komponente des erdmagnetischen Feldes und der Meßhöhen über Grund.

2. Festlegung des Meßrasters mit geeigneten Meßpunktabständen in Abhängigkeit von der geforderten Erkundungstiefe und Auflösung.

3. Topographische Vermessung der geophysikalischen Meßpunkte

Geländearbeiten

1. Messung in einer oder mehreren vorher festgelegten Höhen über der Erdoberfläche (Gradientenmessung).

2. Beurteilung der registrierten Werte auf ihre Reproduzierbarkeit und Fehlerbreite.

3. Registrierung der tageszeitlichen Schwankungen des erdmagnetischen Feldes an einem Basispunkt.

4. Unterbrechung der Messungen bei starken Schwankungen des Erdmagnetfeldes.

Auswertung und Interpretation

1. Beurteilung der Meßgenauigkeit und der Datenqualität.
2. Bezug der Meßwerte auf ein mittleres Meßniveau z.B. durch Abziehen des Mittelwertes aller Messungen oder des in ungestörter Umgebung kontinuierlich registrierten Magnetfeldes.
3. Korrektur der Tagesvariationen.
4. Topographische Korrektur.
5. Berechnung des Vertikalgradienten der Totalintensität aus den Meßergebnissen in zwei verschiedenen Höhen.
6. Graphische Darstellung der korrigierten Meßwerte in Profilen, Isolinienkarten oder Raumbildern mit festgelegtem Maßstab bei flächiger Vermessung.
7. Qualitative Bewertung der Anomalien, z.B. nach Art sowie ungefährer Größe und Tiefenlage der magnetischen Körper.
8. Durchführung von Modellrechnungen zur Ermittlung der genauen Lokation und Form eines magnetischen Körpers.
9. Vergleich der Ergebnisse mit denen anderer Erkundungsmethoden.
10. Falls notwendig, Durchführung von Ergänzungsmessungen, z.B. zur Verdichtung des Meßrasters in Anomaliebereichen oder im Umfeld.

Ausschreibetext: Geomagnetik

In dieser Ausschreibung sollten enthalten sein:

1. Zielsetzung
2. Abgrenzung und Größe des Meßgebietes
3. Geländezugänglichkeit
4. Vorhandensein und Art von Hindernissen oder Installationen
5. Maximale Anzahl der Meßpunkte oder Gesamtlänge der Profile
6. Aufzunehmende Feldkomponente und Meßgerät
7. Meßgenauigkeit/Auflösung
8. Meßhöhen über Grund
9. Art der Auswertung, z.B. Bezug der Meßwerte auf ein mittleres Meßniveau, Berücksichtigen der Tagesvariationen

1o. Art der Darstellung, z.B. Eintragung in Lageplänen mit festgelegtem Maßstab, Profildarstellung und/oder Isolinienkarten und/oder Raumbilder

11. Art der Interpretation, z.B.
    - Qualitative Bewertung von Anomaliebereichen
    - Qualitative Bewertung von Einzelanomalien
    - Quantitative Bewertung mittels Modellrechnungen

Muster-Auschreibung: Geoelektrische Kartierung

Vorarbeiten

1. Auswahl der Sonden- und Elektrodenanordnung und Festlegung des Meßrasters mit geeigneten Profil- und Meßpunktabständen in Abhängigkeit von der geforderten Erkundungstiefe.

2. Leitungs- und Kabelsuche im gesamten Meßgebiet mit einem induktiven Kabelsuchgerät.

3. Topographische Vermessung der geophysikalischen Meßpunkte.

Geländearbeiten

1. Messung mit geeigneter geoelektrischer Aufnahmeapparatur in unterschiedlichen Auslagerichtungen.

2. Gegebenenfalls Registrierung und Korrektur von Gleichstrompotentialen und von Störungen durch Wechselströme mittels Dauerbeobachtung des elektrischen Feldes.

3. Beurteilung der registrierten Werte auf ihre Reproduzierbarkeit und Fehlerbreite.

Auswertung und Interpretation

1. Berechnung der scheinbaren spezifischen Widerstände unter Berücksichtigung der Meßgeometrie.

2. Darstellung der scheinbaren spezifischen Widerstände in Profilen bzw. in Isolinienkarten.

3. Ermittlung der Richtungsabhängigkeit (Anisotropie) aus unterschiedlichen Auslagerichtungen.

4. Kartierung geoelektrisch unterscheidbarer Bereiche und ihrer Grenzen.

5. Vergleich der Ergebnisse mit denen anderer Erkundungsmethoden.

6. Falls notwendig: Durchführung von Ergänzungsmessungen, z.B. zur Verdichtung des Meßrasters in festgestellten Anomalienbereichen oder im Umfeld.

Ausschreibetext: Geoelektrische Kartierung

In dieser Ausschreibung sollten enthalten sein:

1. Zielsetzung
2. Abgrenzung und Größe des Meßgebiets
3. Geländezugänglichkeit
4. Vorhandensein und Art von Hindernissen und Installationen
5. Kantenlänge des Meßrasters, Vorschlag für Meßpunktabstand
6. Gesamtanzahl der Meßpunkte oder Gesamtlänge der Profile
7. Sonden- und Elektrodenanordnung
8. Sonden- und Elektrodenabstände bzw. Eindringtiefenbereich
9. Geforderte Meßgenauigkeit/Auflösung
10. Art der Darstellung, z.B. Lagepläne mit festgelegtem Maßstab, Profildarstellung, Isolinienkarten und Raumbilder
11. Art der Interpretation, z.B.
    - Qualitative Bewertung von Anomalienbereichen
    - Qualitative Bewertung von Einzelanomalien
    - Ermittlung der Richtungsabhängigkeit
    - Quantitative Bewertung (Modellrechnung)

Muster-Auschreibung: Geoelektrische Tiefensondierung

Vorarbeiten

1. Auswahl der Sonden- und Elektrodenanordnung (z.B. Schlumberger- oder Hummel-Anordnung) sowie der maximalen Auslage.
2. Festlegung und Vermessung der Tiefensondierungspunkte.
3. Topographische Vermessung der Sondierungspunkte.
4. Absuchen des Meßgebiets auf Vorhandensein unbekannter Leitungen im Untergrund mit einem induktiven Kabelsuchgerät.

Geländearbeiten

1. Messung mit geeigneter geoelektrischer Aufnahmeapparatur ggf. in unterschiedlichen Auslagerichtungen.

2. Gegebenenfalls Registrierung und Korrektur von Gleichstrompotentialen und von Störungen durch Wechselströme.

3. Beurteilung der registrierten Werte auf ihre Reproduzierbarkeit und Fehlerbreite.

Auswertung und Interpretation

1. Berechnung des scheinbaren spezifischen Widerstandes unter Berücksichtigung der Meßgeometrie.

2. Darstellung der Sondierungskurven in einem doppeltlogarithmischen Diagramm, d.h. spezifischer Widerstand aufgetragen gegen L/2 (im Abstand Sondierungspunkt - Elektrode).

3. Interpretation der Ergebnisse anhand von Umkehr- oder Vorwärtsverfahren, d.h. Bestimmung von Schichtmächtigkeiten und -widerständen, sowie deren graphische Darstellung in Säulendiagrammen.

4. Bestimmung der Richtungsabhängigkeit (Anisotropie) aus unterschiedlichen Auslagerichtungen.

5. Vergleich der Ergebnisse mit denen anderer Erkundungsmethoden.

6. Falls notwendig, Durchführung von Ergänzungsmessungen, z.B. zur Verdichtung der Sondierungspunkte.

Ausschreibetext: geoelektrische Tiefensondierung

In dieser Ausschreibung sollten enthalten sein:

1. Zielsetzung

2. Abgrenzung und Größe des Meßgebiets

3. Geländezugänglichkeit

4. Vorhandensein und Art von Hindernissen und Installationen

5. Gesamtanzahl der Sondierungspunkte

6. Sonden- und Elektrodenanordnung

7. Maximale Erkundungstiefe/Auslagenlänge

8. Art der Darstellung, z.B.
   - Eintragung in Lageplänen mit festgelegtem Maßstab
   - Sondierungskurven
   - Säulendarstellung mit Schichtmächtigkeiten und -wider ständen
   - Isolinienkarten (von Schichtgrenzen) ggf. farbig
   - Raumbilder

9. Art der Interpretation, z.B.
   - Umkehr- und Vorwärtsrechnungen
   - Geologische Zuordnung der Schichtmodelle
   - Bestimmung der Richtungsabhängigkeit

Muster-Auschreibung: Induzierte Polarisation

Vorarbeiten

1. Auswahl der Meßanordnung, z.B. Dipol-Dipol- oder Gradientenanordnung, mit geeigneten Elektrodenabständen in Abhängigkeit von der geforderten Erkundungstiefe und Auflösung.

2. Festlegung der Meßlinien mit geeigneten Meßpunktabständen.

3. Topographische Vermessung der geophysikalischen Meßpunkte.

4. Absuchen des Meßgebiets auf Vorhandensein unbekannter Leitungen im Untergrund mit einem induktiven Kabelsuchgerät.

Geländearbeiten

1. Messung mit geeigneten und erprobten Apparaturen.

2. Bestimmung des Störpegels im Meßgebiet (Die eingespeisten Ströme müssen so stark sein, daß die gemessenen Abklingspannungen über dem Störpegel liegen).

3. Beurteilung der registrierten Werte auf ihre Reproduzierbarkeit und Fehlerbreite.

Auswertung und Interpretation

1. Berechnung des scheinbaren spezifischen Widerstandes, sowie der Meßgrößen der Induzierten Polarisation: Aufladefähigkeit und Abklingkoeffizient.

2. Darstellung der aufgenommenen Werte, z.B. in Pseudoprofilen bei der Dipol-Dipol-Anordnung.

3. Darstellung und Erklärung von Bereichen unterschiedlicher IP-Effekte.

4. Vergleich der Ergebnisse mit denen anderer Erkundungsmethoden.

Muster-Auschreibung: Induzierte Polarisation

In dieser Ausschreibung sollten enthalten sein:

1. Zielsetzung

2. Abgrenzung und Größe des Meßgebiets

3. Geländezugänglichkeit

4. Vorhandensein und Art von Hindernissen und Installationen

5. Meßpunktabstand

6. Gesamtanzahl der Meßpunkte oder Gesamtlänge der Profile

7. Meßanordnung

8. Eindringtiefenbereich

9. Meßgenauigkeit/Auflösung

10. Art der Darstellung, z.B.
    - Eintragung in Lageplänen mit festgelegtem Maßstab
    - Pseudoprofil-Darstellung (Dipol-Dipol-Anordnung) oder
    - Profildarstellung (Gradientenanordnung)
    - Isolinienkarten ggf. farbig
    - Raumbilder

11. Art der Interpretation, z.B.
    - Qualitative Bewertung von Anomalienbereichen
    - Qualitative Bewertung von Einzelanomalien
    - Geologische oder materialmäßige Zuordnung

Muster-Auschreibung: Elektromagnetische Kartierung und VLF/VLF-R-Methode

Vorarbeiten

1. Auswahl des Meßverfahrens, z.B. Slingram-Verfahren, und der Meßapparatur mit geeigneten Auslagenlängen und Meßfrequenzen in Abhängigkeit von der geforderten Erkundungstiefe.

2. Festlegung der Meßlinien (u.a. Orientierung senkrecht zum vermuteten Streichen von Verwerfungssystemen) und des Meßpunktabstandes in Abhängigkeit von der geforderten Auflösung.

3. Topographische Vermessung der geophysikalischen Meßpunkte.

4. Absuchen des Meßgebiets auf Vorhandensein unbekannter Leitungen im Untergrund mit einem induktiven Kabelsuchgerät.

Geländearbeiten

1. Messung mit geeigneter Aufnahmeapparatur.
2. Beurteilung der registrierten Werte auf ihre Reproduzierbarkeit und Fehlerbreite.
3. Bestimmung der Hangneigung.

Auswertung und Interpretation

1. Höhenkorrektur unter Verwendung der Hangneigungsdaten.
2. Darstellung der aufgenommenen Werte in Profilkurven oder bei flächiger Aufnahme in Isoliniendarstellungen.
3. Kartierung von Bereichen unterschiedlichen Widerstandes.
4. Interpretation der Meßkurven hinsichtlich gut leitender, steilstehender Strukturen oder "Lineare", d.h. von grundwasserbeeinflussenden Verwerfungen, Kluft- oder Spaltenzonen.
5. Vergleich der Ergebnisse mit denen anderer Erkundungsmethoden.
6. Falls notwendig, Durchführung von Ergänzungsmessungen, z.B. zur Verdichtung der Messungen in festgestellten Anomalienbereichen.

Ausschreibetext: Elektromagnetische Kartierung und VLF/VLF-R-Methode

In dieser Ausschreibung sollten enthalten sein:

1. Zielsetzung
2. Abgrenzung und Größe des Meßgebiets
3. Geländezugänglichkeit
4. Vorhandensein und Art von Hindernissen und Installationen
5. Kantenlänge des Meßrasters, oder Profil- und Meßpunktabstand
6. Gesamtanzahl der Meßpunkte, oder Gesamtlänge der Profile
7. Meßverfahren
8. Eindringtiefenbereich
9. evtl. Angabe des Meßgerätes mit Auslagenlänge und Meßfrequenzbereich

10. Meßgenauigkeit/Auflösung

11. Art der Darstellung, z.B.
    - Eintragung in Lageplänen mit festgelegtem Maßstab
    - Profildarstellung
    - Isoliniendarstellung ggf. farbig
    - Raumbilder

12. Art der Interpretation, z.B.
    - Qualitative Bewertung von Anomalienbereichen
    - Geologische oder materialmäßige Zuordnung
    - Quantitative Bewertung mittels Modellrechnungen (nur in Ausnahmefällen)

13. Falls notwendig: Durchführung von Ergänzungsmessungen, z.B. zur Verdichtung.

Muster-Ausschreibung: Bodenradar

Vorarbeiten

1. Erarbeiten eines Meßprogramms mit Festlegung der Sende-Empfangs-Anordnung, der geeigneten Antenne, sowie der Dominanzfrequenz (in Abhängigkeit von der geforderten Erkundungstiefe und Meßgenauigkeit).

2. Topographische Vermessung der geophysikalischen Meßpunkte.

3. Absuchen des Meßgebiets auf Vorhandensein unbekannter Leitungen im Untergrund mit einem induktiven Kabelsuchgerät.

Geländearbeiten

1. Signalaufnahme mit geeigneter Aufnahmeapparatur.

2. Beurteilung der registrierten Werte auf ihre Reproduzierbarkeit und Fehlerbreite.

Auswertung und Interpretation

1. Darstellung der entlang einer Meßlinie aufgenommenen Werte in einem Entfernungs-Laufzeit-Diagramm (Radargramm).

2. Verbesserung des Signal-Rausch-Verhältnisses mittels DV-Korrekturprogrammen.

3. Kennzeichnung der materialbezogenen Indikationen und deren übersichtliche Kartendarstellung.

4. Zuordnung zu geologischen Strukturen oder besonderen Einlagerungen.

5. Vergleich der Ergebnisse mit denen anderer Erkundungsmethoden.

6. Falls notwendig, Durchführung von Ergänzungsmessungen, z.B. zur Verdichtung der Messungen in festgestellten Anomalienbereichen.

Ausschreibetext: Bodenradar

1. Zielsetzung

2. Abgrenzung und Größe des Meßgebiets

3. Geländezugänglichkeit

4. Vorhandensein und Art von Hindernissen und Installationen

5. Gesamtlänge der Profile

6. Profilabstand

7. Eindringtiefenbereich

8. Sender/Empfänger-Anordnung

9. Dominanzfrequenz

10. Meßgenauigkeit/Auflösung

11. Art der Darstellung, z.B.
    - Eintragung in Lageplänen mit festgelegtem Maßstab
    - Radargramme
    - Profildarstellung ggf. farbig
    - Kartendarstellung der anomalen Bereiche ggf. farbig

12. Art der Auswertung und Interpretation, z.B.
    - Geschwindigkeitsbestimmung zur Umrechnung der Laufzeiten in Tiefen mittels DV-Programmen
    - Verbesserung des Signal-Rausch-Verhältnisses mittels DV-Korrekturprogrammen
    - Zuordnung zu geologischen Strukturen oder besonderen Einlagerungen

Muster-Ausschreibung: Refraktionsseismik

Vorarbeiten

1. Erarbeiten eines Meßprogramms mit Festlegung der Meßprofile mit geeigneten Geophonpunkt- und Schußpunktabständen (in Abhängigkeit von der geforderten Erkundungstiefe), sowie der Aufnahmeapparatur mit Angabe der Aufnahmeparameter, z.B. Registrierdauer, Abtastrate, analoge oder digitale Aufzeichnung etc.

2. Topographische Vermessung der geophysikalischen Meßpunkte.

Geländearbeiten

1. Signalanregung mit geeigneter zerstörungsfreier seismischer Quelle, z.B. Hammer, Fallgewicht, Vibrator etc.

2. Meßwertaufnahme mit geeigneter Aufnahmeapparatur.

3. Signalverbesserung durch geeignete Maßnahmen (Filterung, Stapelung usw.).

4. Beurteilung der registrierten Seismogramme auf ihre Güte und evtl. Wiederholung der Aufnahme.

5. Registrierung nur bei geringer Bodenunruhe.

6. Gegebenenfalls Nivellement der Meßpunkte zur Erzielung eines einheitlichen Bezugsniveaus.

Auswertung und Interpretation

1. Korrelation der Ersteinsätze und Phasen der seismischen Wellen, sowie Ermittlung von Scheingeschwindigkeiten.

2. Erstellen von Laufzeitdiagrammen.

3. Überprüfung der Parallelität von benachbarten Ersteinsätzen, der Gegenlaufzeiten und Interceptzeiten.

4. Bestimmen der wahren Wellengeschwindigkeiten aus Schuß und Gegenschuß an jedem Anregungspunkt.

5. Berechnung der Module aus Kompressions- und Scherwellengeschwindigkeit unter Annahme einer plausiblen Dichte in unterschiedlichen Untergrundsbereichen.

6. Berücksichtigung der Geländetopographie und evtl. Reduktion mit Hilfe des Bezugsniveaus.

7. Ermittlung eines Schichtenmodells unter Zuordnung der Geschwindigkeiten zu bestimmten Schichten und Berechnung von deren Tiefen sowie Neigungen.

8. Beurteilung des Schichtenverlaufs zwischen den Schußpunkten.

9. Bestimmung von Verwerfungen, Flexuren etc.

10. Darstellung von Schichtgrenzen in Isolinienkarten.

11. Vergleichende Computersimulationen zur Modellentwicklung und Überprüfung der Laufzeiten.

12. Vergleich der Ergebnisse mit seismischen Bohrlochmessungen (Sonic Log) oder mit geologisch-petrographischen Bohrinformationen und Zuordnung der Refraktionshorizonte zu geologischen Schichtgrenzen.

13. Falls notwendig, Durchführung von Ergänzungsmessungen, z.B. mit geänderten Schuß- und Geophonpunktabständen.

Ausschreibetext: Refraktionsseismik

1. Zielsetzung

2. Abgrenzung und Größe des Meßgebiets

3. Geländezugänglichkeit

4. Vorhandensein und Art von tektonischen Verwerfungen

5. Anzahl der Meßprofile

6. Gesamtlänge der Profile

7. Erkundungstiefe

8. Schußpunktabstand

9. Geophonpunktabstand

10. Anzahl der Geophone/Auslagenlänge

11. Wellentyp (P- und/oder S-Wellen)

12. Art der Anregung

13. Apparatur, z.B.
    - digitale/analoge Aufzeichnung
    - Genauigkeit
    - Anzahl Kanäle
    - Signal-Rausch-Verbesserung

14. Art der Auswertung und Interpretation, z.B.
    - Geschwindigkeitsbestimmung
    - Tiefenbestimmung unter Schußpunkten
    - Beurteilung des Refraktorverlaufs
    - Ermittlung dynamischer Kennwerte
    - Seismische Modellierung

15. Art der Darstellung, z.B.
    - Eintragung in Lageplänen mit festgelegtem Maßstab
    - Laufzeitdiagramme
    - Profildarstellung
    - Schichtenmodelle ggf. farbig
    - Isolinienkarten (Refraktionshorizonte) ggf. farbig

Sachverzeichnis

Springer-Verlag und Umwelt

Als internationaler wissenschaftlicher Verlag sind wir uns unserer besonderen Verpflichtung der Umwelt gegenüber bewußt und beziehen umweltorientierte Grundsätze in Unternehmensentscheidungen mit ein.

Von unseren Geschäftspartnern (Druckereien, Papierfabriken, Verpackungsherstellern usw.) verlangen wir, daß sie sowohl beim Herstellungsprozeß selbst als auch beim Einsatz der zur Verwendung kommenden Materialien ökologische Gesichtspunkte berücksichtigen.

Das für dieses Buch verwendete Papier ist aus chlorfrei bzw. chlorarm hergestelltem Zellstoff gefertigt und im ph-Wert neutral.